SUZHOU SHI
HEDAO QINGYU YU YUNI ZONGHE CHUZHI
GONGCHENG JI YINGYONG

苏州市
河道清淤与淤泥综合处置工程及应用

陈海波　陆　豪　徐　涛
俞　峰　黄　溢　祁　锋　编著

河海大学出版社
HOHAI UNIVERSITY PRESS
·南京·

图书在版编目(CIP)数据

苏州市河道清淤与淤泥综合处置工程及应用 / 陈海波等编著. -- 南京 : 河海大学出版社，2021.12
ISBN 978-7-5630-7359-7

Ⅰ. ①苏… Ⅱ. ①陈… Ⅲ. ①城市—河道整治—研究—苏州 Ⅳ. ①TV882

中国版本图书馆 CIP 数据核字(2021)第 270177 号

书　　名	苏州市河道清淤与淤泥综合处置工程及应用
书　　号	ISBN 978-7-5630-7359-7
责任编辑	金　怡
责任校对	卢蓓蓓
装帧设计	徐娟娟
出版发行	河海大学出版社
地　　址	南京市西康路 1 号(邮编:210098)
电　　话	(025)83737852(总编室)　(025)83722833(营销部)
经　　销	江苏省新华发行集团有限公司
排　　版	南京布克文化发展有限公司
印　　刷	苏州市古得堡数码印刷有限公司
开　　本	718 毫米×1000 毫米　1/16
印　　张	12.75
字　　数	255 千字
版　　次	2021 年 12 月第 1 版
印　　次	2021 年 12 月第 1 次印刷
定　　价	98.00 元

前言 PREFACE

苏州地处长江三角洲、太湖流域阳澄淀泖区西部，是太湖的下游区之一。境内地势平坦，河道纵横交错，湖泊星罗棋布，人口密集、经济发达，京杭运河横跨其境，周边有常浒河、白茆塘、七浦塘、杨林塘、浏河、西塘河、望虞河、元和塘等流域性和区域性骨干河道及阳澄湖等湖泊，这些河道和湖泊是苏州城区河道水循环系统的外围重要组成部分。

作为太湖流域的典型城市，苏州在取得巨大经济发展成就的同时，在城市水环境治理方面也取得了巨大成效。2012 年 6 月，苏州市委市政府提出并开展了“古城区河道水质提升行动计划”，围绕“截污、清淤、活水、保洁”四个环节，通过三年集中治理，实现污水入河截流，实施河道清淤，消除断头河，达到河道保洁百分百全覆盖，全面提升河道管理水平，使古城区水质、水景观明显改善，感官黑臭河道基本消除，呈现“水清水好水美，河净岸洁景秀”的景象。2014 年以后苏州市城区河道从指标上分析水质较好，但水体透明度、色度等感官指标仍与百姓对“美丽苏州”的期望、与老苏州人对于 20 世纪 70 年代水巷的印象有相当大的差距。为实现人水和谐发展的追求和百姓对水巷的追忆，2016 年 12 月苏州市水利局组织编制了清淤贯通项目建议书，并在 2017—2018 年完成了苏州市城区主要河道清淤工作，为苏州市河道由“水好”向“水清”迈进作出了巨大贡献。

另外，苏州市每年河道清淤产生大量淤泥，常规淤泥处置方式占用了大量的土地资源，且可用的场地越来越紧张，已成为制约苏州河道清淤工程项目顺利实施和水环境综合整治的重要因素。为解决淤泥最终出路问题，苏州市采用“减量化、无害化、资源化”“因地制宜、分类处置”“统筹考虑、综合比选”等处置原则，根据不同河道底泥监测结果，提出了分区、分淤泥类别处置方案，对缓解淤泥堆放的土地压力，促进苏州地区环境质量改善、推进生态文明建设具有重要的意义。

本书第 1 章介绍了苏州市的地理位置、地形地貌、水文气象、河网水系等基本情况，第 2 章和第 3 章梳理了目前常用的河道清淤及淤泥综合处置技术，总结了不同清淤技术和淤泥综合处置技术的特点，第 4 章和第 5 章分别详细描述了苏州市在 2017—2018 年实施的清淤贯通工程和制定的河道淤泥处置方案，第 6 章对本书所有内容进行了总结。本书所述及的内容将为相关学者在河道清淤技术的选择、淤泥综合利用方法的选用、平原城市河道清淤和淤泥利用等方面提供借鉴和参考。

除封面署名人员外，参与本书编写的还包括南京水利科学研究院的耿之周、扬州市勘测设计研究院有限公司的金勇，另外，特别感谢苏州市水务局、苏州市河道管理处，以及苏州市水利工程建设处王朝勇、苏州市河道管理处孙昉等同志对本书编写工作的大力支持。

目录 CONTENTS

第 1 章 苏州市区域概况

1.1 自然地理

苏州市位于长江三角洲东部、太湖流域的东北部，东经 119°55′～121°20′，北纬 30°47′～32°02′，北枕长江，西南面濒临太湖，东与上海市接壤，西与无锡市为邻，南连嘉兴市，总面积 8 488 km^2。苏州市区位于全市的中西部，总面积 400 km^2，苏州市城市中心区位于市区的中部，面积约 75 km^2。

1.2 地形地貌

苏州市地处以太湖为中心的浅碟形平原的底部，除西部的南阳山、天平山、灵岩山和七子山外，其余均为平原地区。境内地势平展，西高东低，多湖泊，地面高程 3.5～5.0 m(镇江吴淞基面)，局部低洼地区高程不足 3.0 m。城市中心区除西北面虎丘地区有小面积山丘，为火山基岩及风化、残积岩层坡积层，其余地区为平原，地势低洼，均系第四系沉积的一般性黏性土，为大面积的沉降区域。根据区域地质资料，本地区第四纪以来地壳运动以沉降为主，广泛接受堆积，形成广阔的平原地貌，第四系地层分布广，厚度大。

1.3 水文气象

1.3.1 水文

苏州市城市中心区周围现有 2 个水文观测站，即苏州站和枫桥站。苏州站建于 1900 年 1 月，中华人民共和国成立后曾先后在觅渡桥、宝带桥、解放桥、相门桥处观测，现设在觅渡桥北，观测水位和降水量，具有较长系列水位观测资料。枫桥站建于 1976 年 7 月，位于苏州市西郊枫桥上游约 1 100 m 处，观测水位、降水量及蒸发量。苏州市水系图如图 1.1 所示。

枫桥站历史最高水位 4.50 m(1999 年 7 月 1 日)，多年平均水位 2.95 m(1977—1997 年)，汛期(5—10 月)多年平均水位 3.11 m(1977—1997 年)。

苏州站多年平均水位 2.83 m(1964—1997 年),汛期(5—10 月)多年平均水位 2.94 m(1964—1997 年),历史最高水位 4.37 m(1954 年 7 月 28 日),历史最低水位 1.89 m(1934 年 8 月 27 日)。

图 1.1　苏州市水系图

根据《苏州市城市中心区防洪工程可行性研究报告》,城市中心区 200 年一遇外河防洪设计水位枫桥站为 5.20 m,苏州站为 5.00 m;20 年一遇排涝内河最高水位为 3.80 m。

根据 2003—2015 年枫桥水位站资料,汛期平均水位一般为 3.30～3.50 m,明显高于以前,枫桥站多年平均水位 2.95 m。根据该站资料统计,年最高水位出现在 6—10 月之间,其中以 7 月份出现次数最多,其次是 9 月份,以 2016 年 7 月 2 日水位最高,为 4.83 m;历史最高水位与历史最低水位差值达 2.73 m。枫桥站 200 年一遇最高洪水位为 5.20 m。本地区警戒水位为 3.80 m。2013 年古城区实施“自流活水”后,城内水位受人为控制,以西塘河—北环城河为界,北片北环城河水位控制在 3.3 m 左右,南片大龙港等周边河道水位控制在 2.8 m 左右,最低时 2.6 m。本地多年平均风速为 3.4 m/s。

1.3.2　气象

城市中心区地处北亚热带南缘,属于典型的亚热带季风气候。受冬夏季风影响，本地区冬季寒冷干燥，夏季温暖湿润，四季分明，冬季受来自西北大陆的寒冷干燥的冬季风侵袭，夏季受来自海洋的温暖潮湿的夏季风控制。春、秋两季是冬、夏季风交替的过渡季节，属湿润性季风气候。本地区具有干湿、冷暖、四季分明的气候特点，雨水充沛，无霜期长。

苏州气象站，位于环城河东北角处，主要观测气温、湿度、气压、风向、风速、降水、蒸发、日照、地温以及云的能见度等。

1.3.2.1 气温

根据苏州气象站资料统计，多年平均气温为 15.7 ℃，年平均气温最高为 17 ℃(1953 年)，年平均气温最低为 14.9 ℃(1980 年)。7 月份最高月平均气温为 30.3 ℃(1964 年)，极端最高气温为 39.2 ℃(1992 年 7 月 29 日)；1 月份最低月平均气温为 0.3 ℃(1977 年)，极端最低气温为－9.8 ℃(1958 年 1 月 16 日)。多年平均相对湿度为 80%。无霜期 240 天左右，日平均气温在 10 ℃以上的积温近 50 000 ℃，年平均日照时数约 1 937 小时。

1.3.2.2 降雨

苏州市城市中心区多年平均年降水量在 1 100 mm 左右，最大年降水量 1 554 mm(1957 年)，最小年降水量 574.5 mm(1934 年)。受暖湿夏季风(偏南风)的影响，降水多且集中在每年 4—9 月，各月平均降水量为 100～160 mm，这 6 个月的降水量占全年的 70%以上。这期间的降水分为梅雨和台风雨两种。6 月中旬至 7 月中旬，受梅雨影响，是一年中降水最多的时段。8—10 月为秋季台风雨。7 月中旬至 8 月上旬，受副热带高压下沉气流的影响，降水较少，形成伏旱。10 月到次年 3 月，因受干冷的冬季风(偏北风)影响，降水较少，各月平均降水量为 40～85 mm。

洪水主要由梅雨与台风暴雨造成，梅雨历时长，总量大；台风雨历时短，雨强大。冰雹和龙卷风在本区域也有发生，两者都是破坏力很强的局部灾害性天气。

1.3.2.3 蒸发

城市中心区及周围有苏州、枫桥、西山和瓜泾口四个蒸发站，年平均蒸发量 1 283.8 mm。据枫桥站资料，多年平均年蒸发量 924 mm 左右，汛期 5—9 月蒸发量 550 mm 左右，占全年蒸发量的 58.5%。

1.3.2.4 风

根据统计资料，苏州站年平均风速为 3.4 m/s，最大年平均风速为 4.7 m/s(1970 年、1971 年、1972 年)，最小年平均风速为 2.0 m/s(1952 年)，10 分钟最大风速为 20 m/s(1962 年 7 月 24 日)，历年汛期最大风速平均值为 11.87 m/s。汛期风向东南(SE)，最大风力等级为 8 级。常年的主导风向是 SE(夏季)、NW(冬季)。6 级以上大风平均每年约 17.7 天，影响本地区的台风每年约 2～3 次，风力 8～10 级。

根据苏州站 1961—2001 年共 41 年 10 分钟最大风速资料频率分析成果，50 年一遇 10 分钟风速为 19.1 m/s。

1.4 水系及工程

1.4.1 苏州水系

苏州是著名的江南水乡，水域面积与陆地面积之比高达 4∶6。苏州市共有大小湖荡 400 多个，较大的湖荡有 87 个；共有大小河流两万余条，总长 1 457 km，河网密度高达 1.5 km/km^2。

苏州市城市中心区水网发达，京杭运河从西北向东南绕城而过，城区东北濒临阳澄湖，东面有金鸡湖、独墅湖，南面有石湖。环城河将苏州古城区圈成一个相对独立的区域，与城内纵横交错的河道形成了“三横三纵一环”完整的城市河道水网体系。京杭运河是城市中心区过境河流，通过上塘河、胥江、大龙港等与环城河相连通。河流走向基本上是自西向东，自北向南。西北面的河流以流入为主，主要有西塘河、山塘河、上塘河、胥江等，东侧、南侧河道以流出为主，主要有娄江、大龙港、老运河等。

苏州城市中心区河道由四部分组成：水利河道如娄江、西塘河、胥江等；航道如京杭运河(四级)、元和塘(五级)等；风景旅游河道如上塘河、山塘河、环城河、古城内河道；其他城区河道。区内共有河道 100 多 km，组成的河网水系在城市生活中集引水、排水、旅游、运输、防御、消防隔离、美化环境、调节气候功能于一体，发挥了十分积极的作用。

苏州市河湖资源丰富，境内河道纵横，湖泊众多，河湖相连，形成“一江、百湖、万河”的独特水网，是我国典型的平原河网地区。

苏州市共有各级河道 21 454 条、总长 21 255 km，主要有京杭运河、常浒河、白茆塘、七浦塘、杨林塘、浏河、西塘河、望虞河、元和塘等；大小湖泊 323 个，主要有阳澄湖、昆承湖、澄湖等，总水面积 3 609.04 km^2，占全市总面积的 42.5%。公元前 514 年，伍子胥“相土尝水、象天法地”选定今苏州古城址筑阖闾大城，立水陆城门各八座，沟通了古城内外河流。中唐至五代吴越，“五里、七里开一纵浦，七里、十里开一横塘”的棋盘式格局奠定了苏州塘浦水系基础。宋代起，历元、明、清至民国时期，逐步形成了塘、浦、泾、浜、溇、港、溪、渎等密如蛛网的河网水系。如今,历经 2 500 多年沧桑的苏州古城仍基本保持着宋代《平江图》所描绘的“水陆并行、河街相邻”的双棋盘格局和“三纵三横一环”的河道水系。目前,苏州古城区仍有河道 35 km,“粉墙黛瓦、小桥流水、枕河人家”的水乡风貌依然可见。

1.4.1.1 苏州市研究区域水系分片

苏州市研究区域内主要河流有环城河、西塘河、元和塘、大龙港、山塘河、十字洋河、洋泾河等。现状城市中心区河道片区有古城片、城北片、金阊新城片、相城片、山塘片、城西片、城东片、城南片、湖西片、娄江北片 10 个片区,分区见图 1.2。

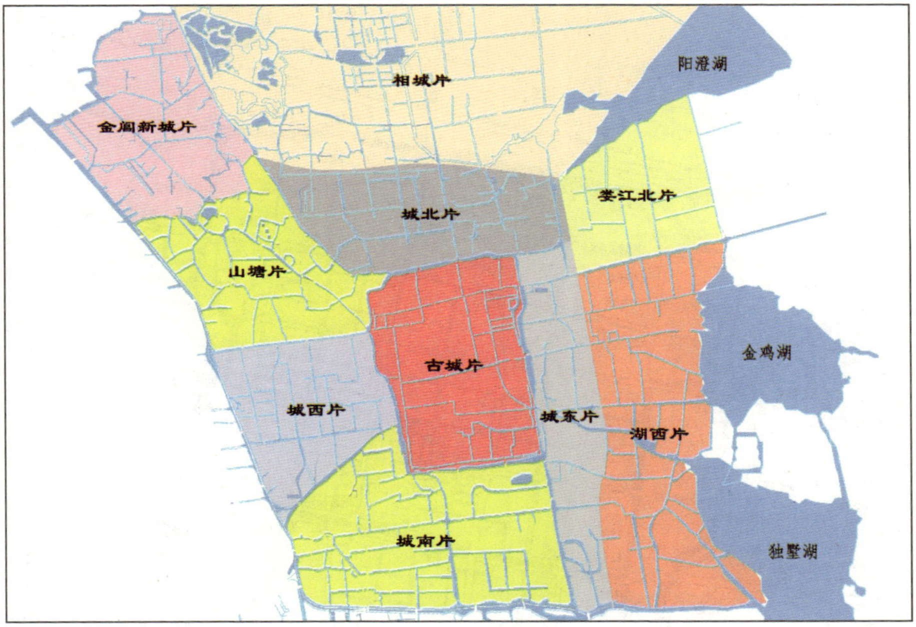

图 1.2 苏州市城市中心区

古城片是主要由环城河环绕形成的片区,片区内主要有“三直三横”骨干河道和闾门支流、平江水系、南园水系、其他内部河道等支河道。

城北片位于姑苏区环城河以北,北以沪宁高速公路为界,东至外塘河。城北片河网属太湖流域阳澄淀泖水系,位于苏州市城市中心区防洪大包围圈内。区域外水系较为发达,区域外围骨干河道有外城河、西塘河和元和塘。

金阊新城片位于城区西北处,北至黄花泾,西至位大运河,东至西塘河,南侧与苏州大包围边界线相接。

相城片位于城北片以北、金阊新城片以东。

山塘片位于金阊新城片以南，南至上塘河，东与城北片和古城片相接。

城西片位于山塘片南侧，西以大运河为界，南至胥江，东与古城片相接。

城东片位于古城片以东，东与苏州大包围边界线相交。

城南片位于古城片与城西片以南，南以大运河为界，东与城东片相接。

湖西片位于城东片以东，东部与金鸡湖与独墅湖相接。

娄江北片位于湖西片以北、阳澄湖以南，西与城北片和城东片相接。

1.4.1.2　古城片水系

苏州古城内现有河道总长 34.72 km，其中包括“三直三横”骨干河道和阊门支流、平江水系、南园水系、其他内部河道等支河道。古城区河道的现状如图 1.3。

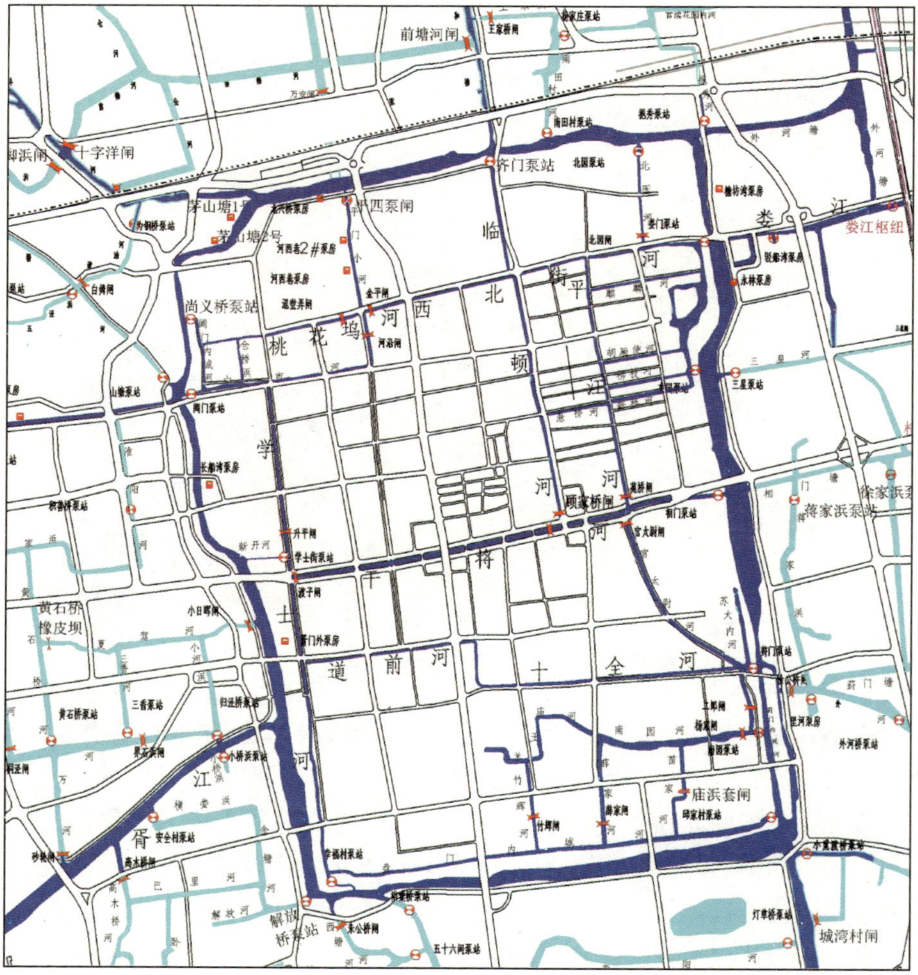

图 1.3　古城区河道水系示意图

(1) “三直”骨干河道

“三直”是指南北向的骨干河道，包括：学士河、临顿河—齐门河、平江河，总长约 18 km。

学士河：南自外城河起，经盘门水关桥、盘门水城门等至皋桥中市河，上跨桥 18 座，长约 3.2 km，宽约 5～8 m。

临顿河—齐门河：南自干将河起，经顾家桥、大郎桥等至齐门外城河，上跨桥 19 座，河长约 2.4 km，宽约 8 m。

平江河：南自葑门十全河起，经望门桥、忠信桥等至东、西北街河，上跨桥 20 座，长约 2.85 km，宽约 8～10 m。

(2) “三横”骨干河道

“三横”是指苏州古城内东西方向的骨干河道，分别为桃花坞河—东西北街河、干将河、府前河。

桃花坞河—东西北街河：西自阊门内城河起，经板桥、宝城桥等至外城河，上跨桥 23 座，长约 3.12 km，宽约 6 m。

干将河：西自学士河起，经乘马坡桥、太平桥等至相门外城河，上跨桥 18 座，长约 3.1 km，宽约 5～10 m。

府前河：西自学士河起，经孙老桥、乐村桥等至葑门外城河，上跨桥 22 座，长约 3.33 km，宽约 5～6 m。

(3) 支河道

古城区内支河道包括：① 阊门支流，包括阊门内城河、仓桥浜、平门小河、中市河，共计长 2.92 km；② 平江水系，包括北园河、麒麟河、胡相思河、柳枝河、新桥河、悬桥河、娄门内城河，共计长 4.08 km；③ 南园水系，包括盘门内城河、竹辉河、薛家河、苗家河、羊王庙河、南园河、葑门内城河、沧浪亭河；④ 其他内部河道，如东园内城河、传芳河、盘门放生池、苏大内城河。

1.4.1.3 湖西片水系

湖西片主要水系河道有凤凰泾、蒋家浜、三星河、相门塘、黄天荡内河、园区 48 号河、园区 49 号河、园区 50 号河、园区 51 号河、园区 52 号河、园区 53 号河、园区 54 号河、园区 55 号河、园区 56 号河、园区 57 号河、园区 58 号河、园区 59 号河、园区 60 号河、园区 61 号河、园区 62 号河等。除园区 48 号河、园区 55 号河、相门塘、黄天荡内河外，其他河道都是南北向分布。

1.4.1.4 城西片水系

城西片主要水系河道有淮阳河、胡家浜、桐泾河、黄石桥河、夏驾河、三香河、小河浜、彩香浜、白莲浜、凤凰泾、徐家浜、活洛浜、虹桥浜、里双河、市府河、胥江、上塘河等。

1.4.1.5　金阊新城片水系

金阊新城片主要水系河道有新开河、颜家浜、山东浜、十图港、王家庄浜、陆步桥浜、黄花泾、祥杏桥浜、泥点港、民主浜、长泾塘、绿台桥港、申家庄港、吉利浜、前张网港、螳螂桥浜等。

1.4.1.6　城北片水系

城北片主要水系河道有塔影河、友谊河、磨坊基河、西石曲河、十字洋河、前塘河、仓河、陆家庄河、锦莲河、平门塘、石渔桥浜、斜河浜、元和塘、王家浜、南田村河、西虎泾、东虎泾、挹秀河等。

1.4.1.7　城南片水系

城南片主要水系河道有友新河、九曲港、吴埂港、一号河、河象港、大文桥河、葛庄桥河、前坟桥河、后坟桥河、大龙港、仙人大港等。

1.4.2　水利工程

目前，城市中心区 200 年一遇防洪大包围节点枢纽已全部建成，包围圈内部保留二十世纪八九十年代建成的古城片等 7 个中包围及古城片内部众多排水小分片。2013 年，古城区“自流活水”工程实施后，除局部特别低洼地外，内部二级中、小包围正逐步打开。苏州中心城区闸泵工程数量众多，外围大包围除澹台湖枢纽、大龙港枢纽、东风新泵站枢纽等 11 大骨干枢纽外，周边还有 26 座小闸站，整体引排能力达 296 m^3/s，为城区“自流活水”不断扩大惠及周边区域提供了可靠的工程保障。规划区内东部区域为工业园区湖西地区，属敞开式防洪区，区内河道上基本无控制建筑物。

1.4.2.1　圩区

苏州市属太湖平原地区，地势西北高、东南低；沿江高、腹部低。平原地面高程一般在 4.0～8.0 m(吴淞镇江基面，下同)，圩区地面高程一般在 2.8～4.5 m，最低的仅 1.8 m，地面高程低于 3.5 m 的为低洼圩区，地面高程在 3.5～4.0 m 左右为半高田圩区。全市总面积 8 488.42 km^2，其中圩区面积达 5 536.22 km^2。圩区面积占全市总面积的 65.22%。由于圩区地势低洼，地面高程低于历史洪水位，需要建设堤防进行防洪，建设闸站工程调节水位水量，抽排涝水，改善水质。因此，圩区防洪除涝工程的建设与管理，对全市经济社会发展和水环境的改善有着极其重要的作用。

新中国成立后，在各级党委、政府正确领导下，全市掀起了大干水利的热潮，积极开展低洼圩区治理和建设，对上万个防洪抗灾能力低、易受洪涝灾害的鱼鳞小圩进行联圩并圩、整治河道水系、加高加固圩堤、建设闸站工程。目前已建成200亩[①]以上农村联圩662个，其中万亩以上联圩140个，5 000～10 000亩联圩157个，1 000～5 000亩269个，1 000亩以下96个；按联圩的性质分，低洼联圩342个，半高田联圩230个，沿江联圩80个。

全市已建成防洪圩堤5 250 km，三闸3 467座，排涝站1 941座17万kW，流量为365 m^3/s，基本形成了“挡、排、引、降”的水利工程体系，在抗御历年水旱灾害中发挥了重要作用，保障了全市经济社会的发展和人民生命财产的安全。

尽管如此，每年汛期还是比较紧张，洪涝威胁与水环境的矛盾依然存在，严重制约苏州市经济社会的发展。

1.4.2.2 水闸泵站

苏州市城区有泵闸100余座。古城区内共13座，其中，城北片7座，城南片6座；建成区有36座，其中，城北片4座，城南片17座，金阊新城片15座；新城有泵闸7座，其中，城北片3座，金阊新城片4座。苏州市城区泵闸数量如表1.1所示，苏州闸泵一览表如表1.2所示。

表1.1 城区泵闸数量统计表

区域		泵闸数量		雨水泵房		单闸数量（座）	合计流量（m^3/s）	合计数量（座）
		数量（座）	流量（m^3/s）	数量（座）	流量（m^3/s）			
古城内	城北片	7	25	4	2.575	4	27.575	15
	城南片	6	28	2	0.88	10	28.88	18
小计		13	53	6	3.455	14	56.455	33
建成区	城北片	4	11.5	5	2.35	2	13.85	11
	城南片	17	49.6			8	49.6	25
	金阊新城片	15	32.8	7	4.43	10	37.23	32
小计		36	93.9	12	6.78	20	100.68	68
新城	城北片	3	12	—	—	4	12	7
	金阊新城片	4	23.6	—	—	1	23.6	5
小计		7	35.6	—	—	5	35.6	12
总计		56	182.5	18	10.235	39	192.735	113

① 1亩≈666.67 m^2。

表 1.2　苏州城区闸泵一览表

类型	序号	泵闸名称	水泵		闸门宽度(m)	属性	所属区域	
			数量(座)	流量(m^3/s)				
泵闸	1	娄门	2	6	5	防汛、换水	城北片	古城内
	2	东园	2	4	6	防汛、换水		
	3	齐门	2	4	5	防汛、换水		
	4	北园	4	3	5.5	防汛、换水		
	5	平四	1	1	5.4	防汛、换水		
	6	尚义桥	2	4	4.2	防汛、换水		
	7	阊门	2	3	5.5	防汛、换水		
单闸	8	北园闸			4.5	防汛、换水		
	9	金平闸			5.5	防汛、换水		
	10	河沿街闸			4.3	换水		
	11	混堂闸			4.3	换水		
雨水泵房	12	河西巷南	2	0.2		防汛		
	13	河西巷北	2	0.2		防汛		
	14	龙兴桥	2	1.5		防汛		
	15	阀门厂	3	0.675		防汛		
泵闸	16	相门	3	6	5	防汛、换水	城南片	
	17	学士街	2	4	6.4	防汛、换水		
	18	南园	2	4	5.33	防汛、换水		
	19	葑门	2	4	5	防汛、换水		
	20	邱家村	3	6	6.4	防汛、换水		
	21	幸福村	2	4	5.4	防汛、换水		
单闸	22	二郎巷闸			6	防汛、换水		
	23	杨家村闸			5.5	过船		
	24	薛家河闸			5.4	防汛、换水		
	25	养蚕里闸			6.4	防汛、换水		
	26	庙浜河闸			4.4	防汛、换水		
	27	渡子闸			5	换水		
	28	昇平闸			5.5	防汛、换水		

续表

类型	序号	泵闸名称	水泵 数量（座）	水泵 流量（m^3/s）	闸门宽度（m）	属性	所属区域	
单闸	29	顾家桥闸			5	防汛、换水	城南片	古城内
	30	官太尉闸			5	防汛、换水		
	31	苑桥闸			5	防汛、换水		
雨水泵房	32	新养蚕里	2	0.2		防汛		
	33	胥门外大街	2	0.68		防汛		
泵闸	34	杨家庄	2	4	5	防汛、换水	城北片	建成区
	35	南田村	2	1.5	5	防汛、换水		
	36	挹秀	2	2	5	防汛、换水		
	37	三星河	2	4	5	换水		
单闸	38	三星河闸			8	防汛、换水		
	39	王家闸			5	防汛、换水		
雨水泵房	40	糖坊湾	3	0.9		防汛		
	41	驳船浜	3	0.9		防汛		
	42	东汇路65号	2	0.2		防汛		
	43	电镀厂	2	0.05		防汛		
	44	永林	3	0.3		防汛		
泵闸	45	安全村	2	4	8	防汛、换水	城南片	
	46	解放桥	2	3	5.2	防汛、换水		
	47	归泾桥	2	4	6.5	防汛、换水		
	48	灯草桥	2	3	6	防汛、换水		
	49	张家桥	1	1.5	4	防汛、换水		
	50	湄长	3	6	8	防汛、换水		
	51	五十六间	2	3	5.35	防汛、换水		
	52	裕棠桥	2	6	6	防汛		
	53	蒋家浜	2	4	6	防汛、换水		
	54	外河桥	2	4	6	防汛、换水		
	55	娄葑	2	2.5	4	防汛、换水		
	56	徐家浜	1	1	4	防汛		

续表

类型	序号	泵闸名称	水泵		闸门宽度(m)	属性	所属区域	
			数量(座)	流量(m^3/s)				
泵闸	57	双桥	2	2	4	防汛、换水	城南片	建成区
	58	小觅渡桥	1	1	5	防汛、换水		
	59	小桥浜	2	0.6	5.3	防汛		
	60	里河	3	2.5	1.4	防汛、换水		
	61	钱塘河	2	1.5		换水		
单闸	62	高木桥闸			6.1	防汛、换水		
	63	界石浜闸			6.4	防汛、换水		
	64	小日晖桥闸			5.3	防汛、换水		
	65	砂轮厂闸			4.3	防汛、换水		
	66	朱公桥闸			5.35	防汛、换水		
	67	上沙桥闸			5	防汛、换水		
	68	徐公桥闸			6	防汛、换水		
	69	城湾村闸			3.75	防汛、换水		
泵闸	70	新塘桥	4	6	6.5	防汛、换水	金阊新城片	建成区
	71	山塘	2	2	5.4	防汛、换水		
	72	为钢桥	2	3	5.4	防汛、换水		
	73	五泾浜	2	2	5.4	防汛、换水		
	74	方家浜	2	2	5.4	防汛、换水		
	75	冶坊浜	2	2	5	防汛、换水		
	76	姚家浜	2	0.5	2.5	防汛、换水		
	77	活络浜	2	2	6.4	防汛、换水		
	78	白莲桥	2	2	5.4	防汛、换水		
	79	彩虹	1	1	5.6	防汛、换水		
	80	黄石桥	1	2	6.4	防汛、换水		
	81	朱家庄	1	1.5	6.4	防汛、换水		
	82	三香	1	1.8	6.4	防汛、换水		
	83	徐家朗	1	1	4	防汛、换水		
	84	积善桥	2	4	3.4	防汛、换水		

续表

类型	序号	泵闸名称	水泵 数量（座）	水泵 流量（m^3/s）	闸门宽度（m）	属性	所属区域	
单闸	85	山塘下闸			5.4	防汛	金阊新城片	建成区
	86	西山庙桥套闸			6.5	防汛		
	87	白姆桥闸			6.5	防汛、换水		
	88	顾家桥闸			12	防汛、换水		
	89	莲花闸			6.4	换水		
	90	黄石桥橡皮坝			10	防汛、换水		
	91	桐泾闸			6.4	防汛、换水		
	92	路北闸			4.3	防汛、换水		
	93	鸭脚浜闸			10	防汛、换水		
	94	五泾浜闸			6	防汛、换水		
雨水泵房	95	茅山堂1号	3	0.73		防汛		
	96	茅山堂2号	2	1		防汛		
	97	引凤园弄	1	0.2		防汛		
	98	旺思泾浜	1	0.5		防汛		
	99	铜勺浜	3	1		防汛		
	100	红菱浜	1	0.5		防汛		
	101	东长善浜	1	0.5		防汛		
泵闸	102	石渔桥	2	4	5	防汛、换水	城北片	新城
	103	幸福	2	6	10	防汛、换水		
	104	大寨河泵站	2	2				
单闸	105	十字洋闸			12	防汛、换水		
	106	万安闸			2.5			
	107	前塘河闸			14	防汛、换水		
	108	仓河涵闸			1.5	防汛、换水		
泵闸	109	西郭桥	4	6	8.4	防汛、换水	金阊新城片	
	110	长泾塘	3	9.6	8	防汛		
	111	新开河	2	6	4.3	防汛		
	112	外板桥	2	2	5.4	防汛		
单闸	113	陆步桥闸			6	防汛		

1.5 水环境现状

苏州市由于人口和经济高度集聚，入河污染物排放总量大，水环境治理形势仍然严峻。在苏州市水利水务“十三五”发展规划实施前，2014 年全市河湖Ⅴ类、劣Ⅴ类水体仍占 31%左右，水功能区水质达标率仅 65%，与生态文明城市建设要求还有很大差距。目前，围绕生态文明城市建设和经济社会可持续发展要求，全市范围都在大力推进水环境治理，并取得了一定的成效。

城区河道在 2012 年“水质提升行动”实施以来，水质提升明显，由原来的Ⅴ类、劣Ⅴ类总体提升至Ⅳ类水，基本满足景观水需求。城区各河道 2015 年月监测平均值和综合评价见表 1.3，2016 年 2 月城区河道各断面污染指标见表 1.4。

表 1.3 城区河道 2015 年污染物浓度平均值统计表

监测时间	透明度(cm)	溶解氧(mg/L)	总磷(mg/L)	氨氮(mg/L)	高锰酸盐指数(mg/L)
2015-1	51	8.89	0.18	1.63	4.4
2015-2	47	7.31	0.15	1.28	2.8
2015-3	41	6.78	0.15	1.67	3.9
2015-4	47	7.31	0.09	0.88	3.4
2015-5	46	6.01	0.18	1.11	4.1
2015-6	49	3.48	0.09	0.91	3.3
2015-7	48	3.20	0.24	1.68	4.6
2015-8	35	2.03	0.24	1.30	4.1
2015-9	43	1.73	0.23	1.41	4.6
2015-10	43	4.11	0.04	0.61	3.8
2015-11	43	5.64	0.11	0.71	3.1
2015-12	47	5.25	0.13	0.94	3.6
平均值	45	5.1/Ⅲ	0.2/Ⅲ	1.2/Ⅳ	3.8/Ⅱ

表 1.4 2016 年 2 月城区河道各监测断面污染物指标

序号	河流	断面名称	透明度(cm)	溶解氧(mg/L)	总磷(mg/L)	氨氮(mg/L)	高锰酸盐指数(mg/L)
1	学士河	西城桥	35	5.75	0.30	2.96	6.4

续表

序号	河流	断面名称	透明度（cm）	溶解氧（mg/L）	总磷（mg/L）	氨氮（mg/L）	高锰酸盐指数（mg/L）
2	中市河	张广桥	40	7.01	0.11	1.06	4.3
3	平门河	单家桥	45	6.88	0.14	1.44	4.1
4	桃花坞河	桃坞桥	40	6.74	0.13	1.42	4.7
5	东北街河	华阳桥	35	3.62	0.32	2.34	6.0
6	临顿河	醋坊桥	40	7.18	0.14	1.42	4.0
7	平江河	积庆桥	40	6.57	0.18	1.90	4.6
8	麒麟河	徐鲤鱼桥	40	6.51	0.18	1.13	4.3
9	北园河	军民桥	45	7.61	0.09	1.20	3.7
10	学士河	渡子桥	45	6.02	0.24	2.20	6.3
11	道前河	饮马桥	45	5.49	0.25	2.22	5.7
12	苗家浜	桂花新村	45	5.21	0.07	1.18	4.0
13	南园河	泵房	40	5.98	0.10	1.00	4.9
14	南园河	银杏桥	40	6.27	0.08	1.17	4.0
15	官太尉河	官太尉桥	40	6.32	0.16	1.81	4.1
16	沧浪亭河	沧浪亭桥	40	10.12	0.23	0.26	5.4
17	干将河	兴市桥	40	6.44	0.17	1.77	4.7
18	上塘河	来凤桥	45	6.63	0.08	1.33	4.2
19	山塘河	虎阜大桥	60	6.68	0.08	1.42	4.2
20	山塘河	望山桥	45	6.29	ND	1.29	4.2
21	白莲河	彩香桥	40	5.18	0.08	1.29	3.8
22	馨泓河	莲香桥	40	5.22	0.08	1.30	4.1
23	桐泾河	胜塘桥	45	7.55	0.15	1.61	3.7
24	方家浜	倪家桥	40	5.98	0.08	0.97	3.7
25	冶坊浜	冶坊桥	35	6.47	0.10	0.97	3.7
26	五泾浜河	草屋村桥	40	6.72	0.25	2.25	3.8
27	环山河	景区入口处	65	7.09	0.05	0.98	4.2
28	小普济河	同善桥	40	6.34	0.03	1.35	4.2

注：数据来源于苏州市环境监测中心“城区河道水质手工监测结果周报表”。

第2章 城市河道清淤技术

2.1 清淤的概念

工程上有“疏浚”和“清淤”两个较为接近的术语，在工程技术文件或技术交流中通常混用，即使在等级较高的专业期刊和著作中，也没有严格区分“疏浚”和“清淤”的含义。外研社汉语词典中“疏浚”的词语解释为清除泥沙或挖深河道，使水流畅通，“淤”字解释为泥沙在水底沉积，“清淤”可理解为清除水底沉积的泥沙。

水利行业标准《疏浚与吹填工程技术规范》(SL 17—2014)总则中规定：“本规范适用于江河、湖泊、沿海、水库、沟渠等用机械施工的疏浚、吹填和清淤及淤泥处理工程的设计和施工。”规范中虽然没有给出“疏浚”和“清淤”的定义，却明确将两者区分。

交通行业标准《疏浚与吹填工程设计规范》(JTS 181—5—2012)将“疏浚”定义为采用机械、水力及人力方法进行的水下土石方开挖作业方式；《疏浚与吹填工程施工规范》(JTS 207—2012)将“水下清渣”定义为采用疏浚方法对岩石预处理后产生的石渣进行清除的作业方式。

国家标准《海洋倾倒物质评价规范 疏浚物》(GB 30980—2014)中没有“疏浚”术语的定义，但有“疏浚物”的定义，即为保障港口、码头、航道、锚地通行使用顺畅，满足港口设施及其他涉海工程建设需要从水下挖掘出的沉淀物。

根据以上规范对“疏浚”或“疏浚物”的定义，我们可以理解为交通、海洋行业疏浚的目的是保障通行使用顺畅，而水利行业疏浚的目的则主要是提高河道防洪、排涝和灌溉能力。

我们通常所说的河道清淤工程，大多数以改善水质为目的；对于水库清理淤积泥沙，无论是以改善水质为目的，还是以扩容为目的，我们通常都称为水库清淤。至于小型沟塘，若无通行功能，通常也称为清淤。

根据以上查证，总结得出“疏浚”和“清淤”的区别主要在于：

一是目的不同，疏浚的目的在于保障通行使用顺畅，而清淤的目的主要在于改善水质或扩容；

二是清除物不同，清淤清除的主要为水底沉积的泥沙，而疏浚清除的范围则要大得多，不仅包括沉积泥沙、水下土石方，对于河道拓宽工程来说还包括水上土石方。

因此，可以将清淤定义为“以改善水质或扩容为目的，采用疏浚方法对水底沉积的泥沙进行清除作业的方式”。

2.2 城市河道清淤工程方案设计

2.2.1 设计原则

城市河道清淤工程方案设计[1]，应遵循以下原则。

(1) 设计方案应根据污染物的类型、形成与分布规律制定，并应符合水体污染防治理论以及环境水力学的原理与要求。

(2) 设计方案应在系统分析污染来源、污染程度、污染物组成及分布情况、淤泥处理路径的基础上与环保部门共同研究确定，设计方案应满足环保要求并兼顾清淤设备、淤泥处理施工工艺的要求。

(3) 工程的设计与施工应符合国家现行有关标准的规定。应详细分析施工中可能存在(或产生)的不利于施工安全和工程质量的因素，并制定相应措施，确保施工安全和工程质量。

(4) 清淤与淤泥处理处置并重，淤泥处置方案应会商有关管理部门，并征得同意。

(5) 采用新技术、新材料、新工艺、新设备，应经现场工程试验论证，证明确实可靠，并经项目法人组织审定，特殊情况应报主管部门备案。

(6) 要坚持工程投资最小化、清淤效果最大化原则，使工程节能、低碳、环保、经济。

2.2.2 设计技术路线

城市河道清淤工程是一项非常复杂的工程，本研究综合国内已实施的清淤工程设计和施工经验，给出了城市河道清淤工程设计技术路线图，见图 2.1。

2.2.3 执行标准和依据

2.2.3.1 城市河道清淤工程执行标准

(1)《疏浚与吹填工程技术规范》(SL 17—2014)；

(2)《河道整治设计规范》(GB 50707—2011)；

(3)《水利水电工程初步设计报告编制规程》(SL 619—2013)；

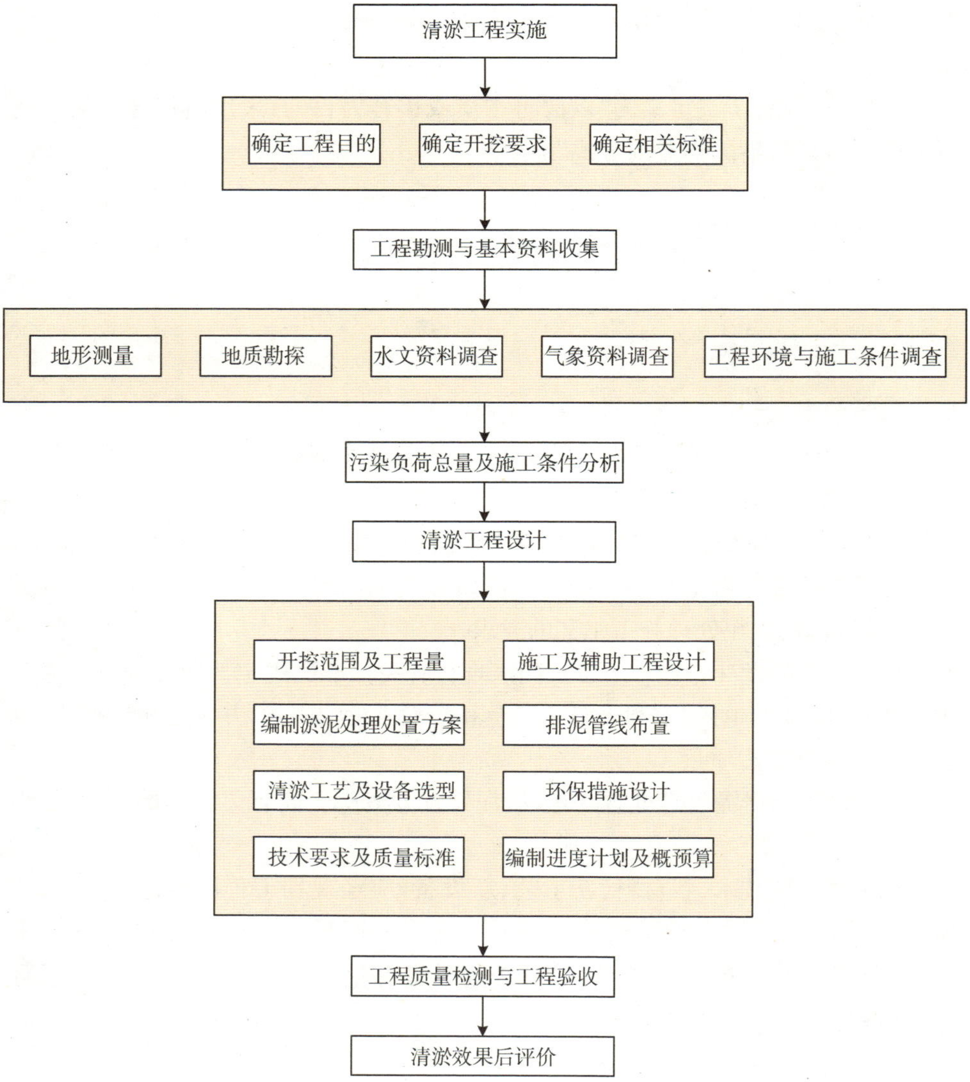

图 2.1　城市河道清淤工程设计技术路线图

(4)《地表水环境质量标准》(GB 3838—2002)；

(5)《农用污泥中污染物控制标准》(GB 4284—2018)；

(6)《污水综合排放标准》(GB 8978—1996)；

(7)《疏浚岩土分类标准》(JTJ/T 320—1996)；

(8)《土工试验规程》(SL 237—1999)；

(9)《土壤环境质量标准》(GB 15618—1995)；

(10)《建筑施工场界环境噪声排放标准》(GB 12523—2011)；

(11)《机械设备安装工程施工及验收通用规范》(GB 50231—2009)

(12)《水利水电工程地质勘察规范》(GB 50487—2008);
(13)《水利水电工程施工测量规范》(SL 52—2015);
(14)《水利水电工程测量规范(规划设计阶段)》(SL 197—1997);
(15)《施工现场临时用电安全技术规范》(JGJ 46—2005);
(16)《通用用电设备配电设计规范》(GB 50055—2011);
(17)《水利水电工程施工组织设计规范》(SL 303—2017);
(18)《水利水电工程施工质量检验与评定规程》(SL 176—2007);
(19)《水利水电建设工程验收规程》(SL 223—2008)。

2.2.3.2 国家法律法规

(1)《中华人民共和国环境保护法》;
(2)《中华人民共和国水法》;
(3)《中华人民共和国水污染防治法》;
(4)《中华人民共和国固体废物污染环境防治法》。

2.2.3.3 地方法规(江苏省)

(1)《江苏省环境保护条例》,江苏省人大常委会,1997 年 7 月 31 日;
(2)《江苏省噪声污染防治条例》,江苏省第十届人民代表大会常务委员会公告第 108 号。

2.2.3.4 行政规范性文件(国家和地方)

(1) 国家与各省(区、市)人民政府签订的水污染防治目标责任书;
(2) 关于印发《水污染防治工作方案编制技术指南》的函(环办函〔2015〕1232 号);
(3) 关于印发《江河湖泊生态环境保护系列技术指南》的通知(环办〔2014〕111 号);
(4)《江苏省生态河湖行动计划(2017—2020 年)》;
(5)《江苏省地表水(环境)功能区划》,江苏省水利厅、江苏省环境保护厅,2003 年;
(6)《江苏省"两减六治三提升"专项行动实施方案》;
(7) 项目所在市县地方其他相关文件;
(8)《投资估算、经济评价和概预算文件编制深度》等。

2.2.3.5 项目文件

(1) 本工程可行性研究报告;

（2）委托单位提供的陆域地形图；
（3）与清淤相关其他资料；
（4）委托单位的相关要求。

2.2.4 工程勘测与基本资料收集

在全面了解工程建设项目的基础上，应根据工程性质、规模、重要性，结合具体情况制定相应的勘测与基本资料收集计划。

工程勘测工作应满足设计和施工阶段的要求。对于大型或复杂工程，可分可行性研究、设计和施工等阶段进行。工程勘测应包括施工区地形测量、地质勘探、工程环境与施工条件调查等项内容。基本资料收集应结合现场勘测工作进行，收集的资料应全面、详细、准确、真实。

基本资料应包括地形、地质、水文、气象、施工组织条件等内容。

2.2.5 清淤工程设计要点

2.2.5.1 开挖范围及工程量

清淤范围应按污染物的分布状况而定，资金等条件受限制时，应优先选择对工农业生产、居民生活、旅游景观等影响较大或污染层较厚、污染较严重的区域。通过对清淤区域土质进行详勘，将土质污染层、污染过渡层和基层的厚度勘测清楚，清淤断面底高程不得高于过渡层顶高程。清淤的厚度最大不超过污染层和过渡层的总厚度。

工程量的计算，直接关系到工程结算款项，一直是清淤工程中各方关注的焦点，也是最容易起冲突的问题，因此，设计工作中工程量计算应做到计算依据真实可靠、计算方法科学合理、计算结果准确详细。

工程量计算的方式和方法应根据工程性质与条件选取，清淤工程如计算水下方工程量，设计工程量应为设计断面方量，计算超宽、计算超深工程量之和，并分别列出。

工程量计算，应分别计算各分部分项工程工程量，各分部分项工程计量单位应统一，并与概预算定额的计量单位、计量精度相一致。如清淤区或取土区的土质变化较大，应按地质柱状剖面图分别计算各类土的工程量。清淤工程计量应计算水下开挖方，计算时可采用横断面积法或平均水深法，对冲淤变化较大的或水深测量误差较大的清淤工程可计算排泥区方量，计算时必须考虑流失量和地基沉陷量。特殊情况下可将处理后土方量作为计算对象。方量计算完毕后应至少校核一次，两次计算值的误差在5%以内时取其平均值作为最终结果，否则应重新计算。

2.2.5.2 编制淤泥处理处置方案

淤泥处理处置方案是清淤工程设计的重点内容。

确定淤泥处理方式前必须对淤泥进行详细的化学成分分析，根据淤泥中包含的不同化学元素及其含量，确定对淤泥的处置路径，并根据淤泥的处置路径和淤泥的特点、现场条件确定处理方法。对含有毒害物质的淤泥不得直接排放，必须设计相应技术措施并进行特殊处理。采用排泥区堆泥固结处理时，排泥区及排水沟必须远离工农业区、生活区、旅游区、动植物保护区等。当疏浚区附近不具备设置排泥区条件时，宜采用就地脱水压滤再汽车转运的处理方式。

选择处理处置地点时应遵循就近原则，如需运输首先考虑管道或者船舶运输，如采用公路运输，必须首先进行脱水处理或者固化处理，使淤泥含水率降低至70%以下。目前较为成熟的淤泥处理技术包括传统的自然晾晒、排水固结、材料固化、脱水固结一体化等技术。

淤泥处置时最好能将清淤工程与吹填造地、农田利用、堤防加固、园林绿化、公路铁路建设等工程相结合，统筹考虑，努力实现少占地。对确无循环利用条件、必须占地存放的清淤工程，必须先将淤泥脱水减量，尽量减少土地占用面积。对有污染的淤泥必须进行脱水减量后卫生填埋。在有条件的地区，应积极利用清出的淤泥粗颗粒制砖、细颗粒代替黏土烧制水泥，既可以实现零永久占地，又可以减少资源开采。

2.2.5.3 清淤工艺及设备选型

清淤方式的选择：对小型湖泊、河道，当水上设备无法进场施工时可采用干挖和水力冲挖机组进行清淤；对大中型湖泊、河道，应采用吸排式水下清淤法。

设备选择应考虑以下因素：

(1) 施工作业区的地理位置、地形、地貌、水文、气象、工程地质等自然条件；

(2) 清淤工程类型、规模以及开挖深度、宽度、边坡、挖掘精度、输送距离等设计条件；

(3) 淤泥含水率、淤泥颗粒粒径、有机物含量、淤泥处理路径、淤泥污染情况；

(4) 拟选设备的性能、适用性和利用率等基本参数；

(5) 船舶、设备调遣方式及其可行性；

(6) 合同工程量、工期、质量标准等；

(7) 施工作业区的环境保护要求；

(8) 工程费用、成本、价格等综合经济指标。

设备选择方法应综合土质、自然条件、挖泥船生产时间利用率计算、工况与施工组织等条件，从经济角度考虑时，宜选择容易调遣、施工环节少、成本相对较低的挖泥船。环保清淤工程，应选用环保绞刀头进行施工。

2.2.5.4 技术要求及质量标准

《疏浚与吹填工程技术规范》(SL 17—2014)对疏浚工程的施工技术要求及质量标准都做了详细的规定，而对于清淤工程，往往以挖除污染底泥为直接目标，只是做了原则性的要求，除应符合设计规定外，还应采取下列措施：

(1) 分段、分条原则与方法应符合本节有关规定；

(2) 淤泥绞刀转速应取较低值，必要时可刮吸或直吸；

(3) 在设备性能允许的前提下应尽可能提高吸入泥浆的浓度。

《疏浚与吹填工程技术规范》(SL 17—2014)要求清淤工程的质量检测与工程验收应符合水利专业的特点。

在实际的工程实践中，清淤工程的技术要求及质量标准，一般是在清淤工艺及设备选型的基础上，根据所选设备本身能达到的精度来确定。

2.2.5.5 辅助工程设计

辅助工程设计主要包括围堰设计和排水系统设计。

《疏浚与吹填工程技术规范》(SL 17—2014)明确堤(堰)身设计应符合下列要求：

(1) 应遵循安全稳定、经济实用、满足需要、便于施工的原则。

(2) 应确定断面形式、顶宽、边坡、堰顶标高、防渗技术措施等各项内容。

(3) 筑土围堤(堰)断面宜采用梯形，堰高大于 4.0 m 时应按堤防标准设计。

(4) 围堤(堰)顶宽与边坡应根据筑堤(堰)材料和方式确定，一般可参照表 2.1 进行选择。采用机械施工以及堰顶有通车要求的可根据需要适当加宽，遇软弱地基、填筑土料较差时，可根据经验或理论计算确定。

表 2.1 土石围堰尺度表

项目 材料类别	边坡		顶宽 (m)	备注
	内	外		
混合土	1∶1.5	1∶2	1～1.2	内坡局部防护
沙性土	1∶1.5～1∶2.0	1∶2.0～1∶2.5	1～2.5	袋装沙防护或土工布防护
黏性土	1∶1.5	1∶2	1～2.0	内坡局部防护
袋装土(沙)	1∶0.5	1∶1	1.5～2.0	外坡及坡顶防老化保护
片、块石	1∶0.5	1∶1.0	0.8～1.2	内坡应设防渗层

排水系统设计应包括泄水口和排水沟的布置、结构形式、断面尺寸、修筑技术要求等项内容。

泄水口位置应根据吹填区的地形、地貌、几何形状、泥浆输入速度、排泥管线布置以及对周围建筑物和环境影响等具体情况确定，形式应根据工程规模、设计要求、现场条件、挖泥船生产能力等因素进行选择。闸箱式与堰内埋管式泄水口的过水断面面积可按排泥管断面面积的 4～6 倍取值，间歇性吹填，过水断面面积可适当减少。溢流堰需专门设计，堰顶高度宜设计成可逐步加高的形式，宽度根据计算确定。

排水沟设计相对简单，应充分利用原有地形、地势、地貌条件，尽可能利用吹填区附近的沟、渠等排水通道，应少占或不占农田，方便施工并便于维护和管理。在清淤工程实施过程中，经常会出现围堰垮塌的情况，除小部分属于人为操作与自然灾害的原因外，大部分是没有按规范施工所导致，表现的行为主要有：

(1) 围堰填料不符合对应的断面形式要求；

(2) 防渗措施不到位；

(3) 堰高大于 4.0 m 时没有按堤防标准设计；

(4) 排水系统设计不合理，现场施工管理不到位，导致吹填过程中漫顶冲刷损毁；

(5) 围堰加高没有经过设计重新验算，导致不满足要求。

2.2.5.6 环保措施设计

清淤环保措施应考虑下列限制要求：

(1) 减少清淤扰动底泥导致的污染物扩散影响，条件允许时优选环保绞吸头或气力泵清淤；

(2) 排泥管线、泥驳、运泥车辆、排泥区围堰不应漏泥；

(3) 排泥区底部为透水层时应在底部采取铺设防渗膜等措施，排泥区围堰应采取必要的防渗措施；

(4) 做好地下水监测工作，排泥区四周应至少各打设水质监控井一口，并定期测定水质，发现异常应及时采取处理措施；

(5) 应制定排泥区余水排放标准以及检测方式和要求，并通过试验确定淤泥进入排泥区后余水水质达标所需的静置时间；

(6) 应根据排泥区及淤泥的具体情况制定加速泥浆沉淀的物理、化学措施，拟采用的化学药剂应对生态环境无毒害；

(7) 淤泥进入排泥区固结后应采取覆盖封闭或转运等处理措施。

2.3 清淤施工工艺及设备

2.3.1 水力冲挖法

水力挖塘机组是 20 世纪 80 年代江苏扬州长江集团公司(原泰兴渔业机械厂)为替代民工"人海战术"兴修水利而生产的土方工程机械[2]。它投资小、价格低、质量好、操作简便,施工不受天气、电源的影响,尤其是在铲运机、推土机不便施工的地段,更能发挥其独特的作用,当时广泛应用于河道、港口、水库、鱼塘、虾池等水下清淤工程。

水力挖塘机组最先由中国水科院渔机所于 1968 年设计完成,1971 年在该厂试产成功。1979 年,改进后的机型经农牧渔业部水产局鉴定,完全符合技术要求。为此,部水产局责成原泰兴渔机厂定点生产,并向全国推广,同时将该产品正式命名为"鳌牌"水力挖塘机组。80 年代初,该产品开始引人注目,并得到广泛应用。该产品继 1984 年分别荣获农牧渔业部、江苏省颁发的优质产品奖之后,1985 年又荣获国家经委颁发的国家银质奖。产品在应用中不断改进,当时主要型号见图 2.2。

YQ-80D 远控潜吸式水下清淤机

50-18 型水力挖塘机组

295-50-18 型水力挖塘机组

ZCQY-50-18D 型组合冲吸式水下清淤机

图 2.2 "鳌牌"水力挖塘机组主要机型

水力挖塘机组在河湖库清淤工程中经过长期应用,其施工方法形成一套通用的工艺流程,约定俗成,“水力冲挖法清淤”名称也相应变为“水力冲挖机组”。水力冲挖法清淤施工原理[3]是:模拟自然界的水流冲刷现象,借水力的作用来完成土方工程的施工作业。水流通过高压清水泵产生压力,经输水软管输送,通过水枪喷射出一股密集的高压、高速柱状水流,对要开挖的土体进行切割、粉碎,使之湿化、崩解,形成泥浆和泥块的混合液,再由泥浆泵及其输泥管输送到弃土区进行沉积,从而完成土方工程挖、装、运、卸的各道施工工序。

水力冲挖机组由清水泵冲泥系统、立式泥浆泵输泥系统和配电系统三部分组成。清水泵冲泥系统主要包括清水泵、输水管、高压水枪等。立式泥浆泵输泥系统主要包括立式泥浆泵、浮体、高压水带等。配电系统主要包括配电箱、防水电缆等。其作业流程见图 2.3。

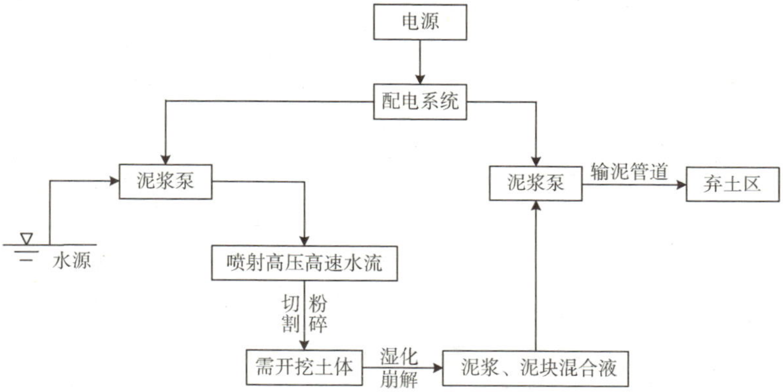

图 2.3　水力冲挖法清淤工艺流程图

一般而言,水力冲挖法具有机具简单、输送方便、施工状况直观、质量易于保证、成本低的优点,也容易应对清淤对象中含有大型、复杂垃圾的情况。但是其缺点也比较明显,需要排干河道中的流水,增加了临时围堰施工的成本;同时很多河道只能在非汛期进行施工,工期受到一定限制;施工环境也比较恶劣。现场工况见图 2.4。

河道水力冲挖法施工

泥浆收集池

图 2.4　水力冲挖法清淤施工现场

河床冲挖的施工程序大致有两种：一种是先深后宽、先槽后坡，由河中（Ⅰ区）向两坡（Ⅱ区）展开冲挖[图 2.5(a)]；另一种是由上向下、先坡后槽，由两坡（Ⅰ区）向河中（Ⅱ区）冲挖[图 2.5(b)]。前一种多在清淤工程中采用；拓宽疏浚的工程多采用后一种程序施工。

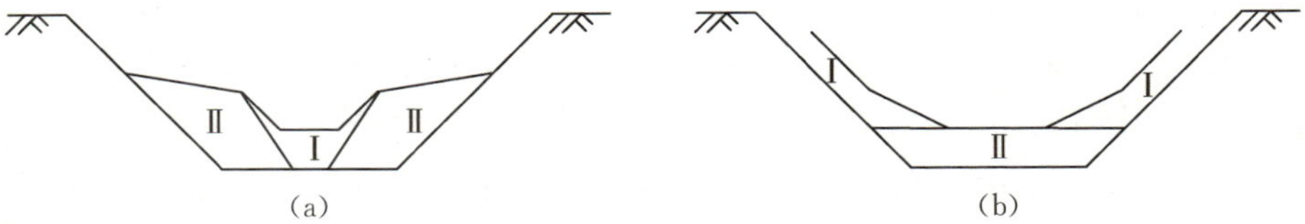

图 2.5　水力冲挖法施工顺序图

冲挖技术是提高工效、保证质量的关键。根据我们的实践，较好的冲挖技术必须要做到以下几点。

(1) 泥浆泵的工作位置（吸浆口），应比冲挖点深不小于 0.5 m，以加快泥浆流速，提高含泥量。

(2) 泥浆泵与冲挖土体的距离不宜太远。一般对于无杂物的冲挖土体该距离不宜大于 10 m。在有杂物的地段可适当远置，以利清除杂物，防止损伤机泵，发生事故。

(3) 要有一条集流槽集中输送泥浆流向吸泥口；水枪手与冲挖点的距离以 3～5 m 为宜，以提高工效。

(4) 冲挖河坡土方时，喷射水柱与标准坡面的夹角不得大于 15°，削坡时夹角应趋于零，严禁对岸冲挖坡面土方，以免伤坡，影响工程标准质量。

(5) 一个作业段要一次达到标准后，方可移动泥浆泵进行下一段的冲挖作业。

(6) 对于贮供施工水源和分段冲挖的各种作业坝，要随工程进展随时冲挖拆除，不得留后遗症。

(7) 输泥管道要顺直平坦，弯度力求平缓，整个管道不得漏泥、漏水，接头应紧固严密。出泥管口必须伸出围堰内坡脚外，防止泥浆冲击堰体，影响安全。

2.3.2　绞吸法

2.3.2.1　绞吸式挖泥船的工作原理

目前世界上大部分江河湖库的清淤工程是由绞吸式挖泥船来完成的。其主要原因是与其他挖泥方式相比，绞吸式挖泥船具有工程造价低、便于拼装转运的显著特点，能够适应多种工况。

绞吸式挖泥船的工作原理是利用吸泥管前端安装的旋转绞刀，将河底泥砂进行切割和搅动，使泥砂与水相混合，形成一定浓度的泥浆，然后通过泥泵将泥浆从吸泥管吸出，再经过输泥管道输送到排泥场。

绞吸式挖泥船船体开 H 槽，大部分为非自航、钢质、方箱型船体。图 2.6 为某绞吸式挖泥船的典型布置图[4]。定位桩使绞吸式挖泥船挖泥时准确定位，绞刀架（又称桥架）用于安装绞刀和驱动系统、吸泥管以及水下泥泵等清淤设备，以切削并输送各类泥土。桥架一端通过耳轴与船体开槽内的前端壁相连接，另一端通过起桥绞车、滑轮及钢丝绳整体吊放在龙门架上，随滑轮、绞车钢索收放而上下升降。

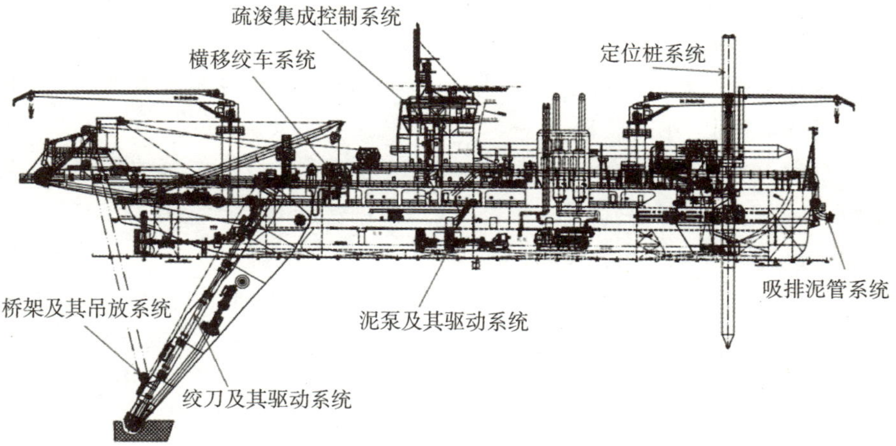

图 2.6　典型绞吸式挖泥船布置图

船艉有钢柱两根，挖泥时将其中一根插入河底作为定位桩，用锚缆拉动挖泥船，以定位桩为中心，左右摆动挖泥。前移时，像两腿走路，用另一根钢柱交替地换桩，绞刀挖泥过程呈扇形前进。绞吸式挖泥船的作业过程可以把挖泥、运泥、卸泥等工作一次连续完成，是一种效率高、成本低的挖泥船。

2.3.2.2　绞吸式挖泥船的分类

绞吸式挖泥船目前的分类还没有统一的标准。一般认为绞刀功率小于等于 750 kW 的是小型绞吸式挖泥船，大于 750 kW 小于等于 1 500 kW 的是中型绞吸式挖泥船，大于 1 500 kW 的为大型绞吸式挖泥船。

荷兰 IHC 公司制造的绞吸式挖泥船以前的分类如下。

小型：主机功率 1 000 kW；

中型：主机功率 1 000～3 500 kW，挖深 16～18 m；

大型：主机功率 3 500 kW 以上，挖深 20～30 m。

也有以公称生产率为标准进行分类：小于 1 600 m^3/h 的为小型，1 600 m^3/h

与 2 500 m^3/h 之间的为中型，大于 2 500 m^3/h 的为大型。

2.3.2.3　绞吸式挖泥船主要工程特性指标[5]

绞吸式挖泥船的施工特性指标，是指绞吸式挖泥船适应清淤工程的性能指标，是施工管理人员必须掌握的指标[5]。

(1) 挖深(m)：是指绞刀桥架在下放水面以下 45°时绞刀刀齿所能挖掘的土层深度。该指标主要取决于绞刀桥架的长度，桥架越长，自然向下所能挖掘的深度越大。该指标是承接深水清淤工程的一个主要指标。

(2) 泥泵的清水流量(m^3/h)：是指绞吸式挖泥船的泥泵在正常工作状态下，一个小时内所能通过的清水水体流量。该数值是一个定数，而泥浆浓度是随土质等因素变化而变化的。确定了土质后，就大体知道该类土的泥浆浓度，再乘以清水流量，就得到了小时产量。

泥泵的大小与配备的主机要相适应，不能是"大马拉小车"，浪费燃油；也不能是"小马拉大车"，否则就带不动。一般是根据建造的生产能力大小来选泥泵，再由驱使该泥泵的功率来选主机。

(3) 挖宽(m)：是指绞吸式挖泥船在横移作用下绞刀抵达挖槽两侧的水平距离。挖宽值受到船体尺寸、横移缆布置方向、挖槽水深、施工断面要求等方面的限制。以挖宽指标为依据，在施工时考虑是否分趟开挖以及考虑叠加宽度后分几趟开挖。

绞吸式挖泥船的挖宽，存在着最小挖宽、最大挖宽与最佳挖宽。

(4) 吃水(m)：是指挖泥船水线以下至船底的高度。一般在船体侧弦上标注。当挖泥船施工及调遣时，所在水域的水深必须满足挖泥船的吃水，才能够使船体漂浮在水面上。

当水域的水深小于挖泥船吃水时，船体发生"搁浅"，极易造成船体变形，使主机-泥泵的中心线产生变差，造成挖泥工作时船体震动过大。一般将船体搁浅列为事故，要尽量避免。

2.3.2.4　绞吸式挖泥船船体特性指标[5]

(1) 装机功率(kW)：是指绞吸式挖泥船各柴油机的功率之和。一般的挖泥船装配 2～3 台柴油机：一台作为主动力，通过齿轮箱带动泥泵；一台作为辅助动力，带动液压系统、发电机、水封泵、仓底泵等；一台作为停泊时发动机使用。有的单独标注主机功率。由于主机功率是与泥泵匹配的，这样能更准确反映挖泥船生产能力的大小。

(2) 绞刀功率(kW)：是指驱动绞刀头旋转的动力装备值。该指标反映了绞吸式挖泥船的绞刀切削能力。

(3) 船长(m):是指绞刀桥架处于水平位置时自绞刀头至船艉的距离。

(4) 型宽(m):是指船体两侧护舷间的宽度;如果是拼装船,指两个边浮箱外沿间的距离。

(5) 型深(m):是指船体主甲板至船底部间的高度。

(6) (满载)排水量(m^3):是指挖泥船在油水舱加满时排开水的体积,实际上反映了整个船体的重量。

(7) 吸管直径(mm):是指绞刀桥架内吸泥管的直径值。

(8) 定位桩长度(m):是指船尾部定位钢桩自顶端至尖底的长度。

2.3.2.5 绞吸式挖泥船的选型

挖泥船的选择主要考虑以下因素。

(1) 清淤区域的地形、水深、水文、地质、气象等自然条件,以及交通、构筑物、管线等环境条件。

(2) 可供选择的挖泥船类型及其主要性能。如:最大吃水,最大、最小挖深,最佳挖深,最大、最小挖宽,排距、排高及生产能力,船舶的抗风能力及适航区域等。

(3) 泥土处理方法。

(4) 船舶调遣方法。

(5) 挖泥船的生产能力与施工期限的适应性。

2.3.2.6 绞吸式挖泥船的适用条件

由于绞吸式挖泥船可以采用拼装结构,能够采用公路运输,因此可以适应船舶不能直接驶入的特殊水域,如山区水库、湖泊、码头港池、城市河道等。

绞吸式挖泥船可以换装不同形式的绞刀和泥泵,能够适应多种土质。

不同类型的挖泥机具对不同的土质都有其各自的适应性和局限性,因此施工中应根据挖泥机具的不同特点与土质情况合理选用,以提高生产效率。绞吸式与抓斗式挖泥船挖泥机具选用可参考表 2.2。

表 2.2 挖泥机具选用表

挖泥机具 / 土质	绞吸式挖泥船	抓斗式挖泥船
淤泥、淤泥质土、松软土、松散砂	冠形平刃绞刀	大斗容平口斗
黏土、亚黏土、中等密实土、砂	冠形方齿绞刀	带齿抓斗
硬质土	冠形尖齿绞刀	重量较大、斗容较小的全齿斗
紧密砂、砾石、风化岩石	活络齿绞刀	重型活络全齿斗

不适宜使用绞吸式挖泥船的工况如下。

(1) 多风浪的内河水域和沿海地区。当该水域的风浪等级超过挖泥船工作条件的天数较多,不但会使得挖泥船的功效大大降低,而且对挖泥船的安全构成威胁。

(2) 流速大于 1.2～1.5 m/s 的水域。在此工况下,绞吸式挖泥船边横移的速度控制将非常困难;顶流施工时,工效较低;顺流施工时,容易将边横移钢缆绞断。由于水流具有挟沙能力,施工过程中,经常发生开挖泥沙由上游"搬家"到下游的情况,影响工效。

(3) 施工要求的排距、排高超过挖泥船的设备性能。超过越多,工效越低,此时应选择大功率的绞吸式挖泥船。

(4) 清淤开挖对象是砾石、卵石及水下障碍物较多的水域。此时应选择抓斗式挖泥船或铲扬式挖泥船。

2.3.2.7 施工方式

(1) 横挖法

装有钢桩的绞吸式挖泥船在一般施工地区,应该采用对称钢桩横挖法或钢桩台车横挖法进行施工。在风浪较大的地区,装有三缆定位设备的挖泥船,应该采用三缆定位横挖法施工。在水流流速较大或风浪较大的地区,对装有锚缆横挖设备的绞吸式挖泥船,应该采用锚缆横挖法施工。

(2) 分段挖法

挖槽长度大于挖泥船水上管线的有效伸展长度时,应根据挖泥船和水上管线所能开挖的长度分段施工。挖槽转向曲线段需要分成若干直线段开挖,可将曲线近似按直线分段施工。挖槽规格不一或者工期要求不同时,应该按照合同的要求分段进行,受航行或者其他因素干扰时,可以按照需要进行分段施工。

(3) 顺逆流施工

在内河施工采用钢桩定位时,宜采用顺流施工;采用锚缆横挖法施工时宜采用逆流施工;在流速较大的情况下,可采用顺流施工并下尾锚以策安全。

2.3.3 抓(挖)斗式

2.3.3.1 抓(挖)斗式挖掘清淤的工作原理

抓斗清淤,指挖泥时运用钢缆上的抓斗,依靠其重力作用,将其放入水中一定的深度,通过插入泥层和闭合抓斗来挖掘和抓取泥沙,然后通过操纵挖泥船上的起重机机械提升抓斗出水面,回旋到预定位置将泥沙卸入泥舱或泥驳中,如此反复进行。挖斗清淤,通常将液压挖机装载于特制的水上挖泥平台,通过操纵挖机的挖斗挖出水底泥沙，回旋到预定位置后将泥沙卸入泥舱或泥驳中，如此反复进行。因此，抓斗与挖斗的区别主要在于挖泥的设备不同。通常抓斗多用于水深的河湖清淤，而挖斗多用于水浅的河湖清淤。城市河道抓挖清淤，一般多采用挖斗清淤，方便灵活，并可根据不同工况换装不同形式挖斗。

对于不能断流河段的水上清淤，由于管道输送泥浆距离较远，或者清淤河段附近不能设置临时泥浆池而不适合采用环保绞吸法清淤时，即可采用抓（挖）斗式挖掘清淤方案。

抓（挖）式挖泥船施工要有装、运泥的泥驳组合，其施工工艺流程如图 2.7 所示。

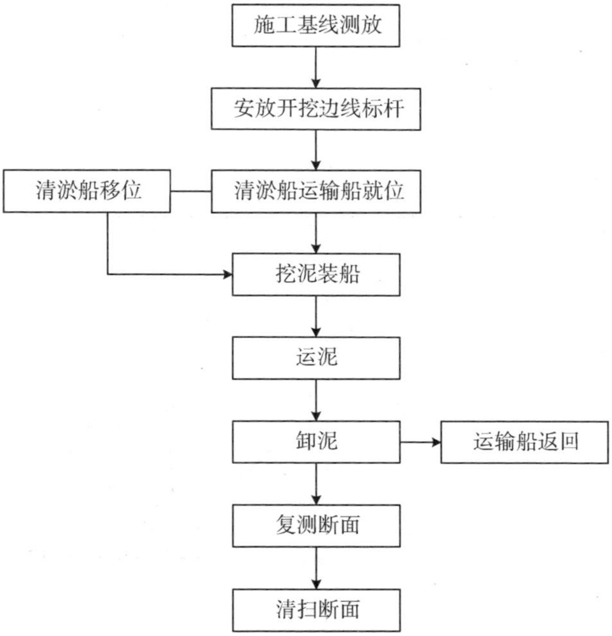

图 2.7　抓（挖）斗式挖掘清淤流程图

根据由上游至下游分段清淤的原则，实施步骤和质量控制标准如下。

（1）确定第一个船位：用激光经纬仪根据测量控制桩对船位进行校核，确定船的开轴线及位置，并在图表上标注出施工区的横向和纵向桩号。

（2）结合当日复测的水面高程、实际水深及该区域的设计开挖深度，计算出挖机从水面向下的挖掘深度，调节好挖机上的标尺深度。根据挖机大臂完全展开时的长度标出大臂开挖的弧形面，确定开挖半径，在开挖半径左右两侧边线上插入标杆进行标识，以备挖机在下一个轴线开挖时确定开挖重叠位置，避免漏挖。

（3）定位完毕后，趸船支撑腿定位固定，运泥船在趸船左右两侧靠帮固定，挖泥船沿大臂扇形面试挖，挖完后，人工检测开挖深度是否满足设计要求，经调试在满足设计要求后即可进行正常开挖作业。

(4) 运泥船装满淤泥后，按设定的上下行航线，航行至码头区靠帮卸载。

(5) 当第一个船身位开挖施工完毕后，趸船操作手将支撑腿提起，挖机驾驶员利用机械臂反铲插入河底向后推顶趸船，趸船沿轴线方向移至下一个趸船开挖身位后，使用激光经纬仪对轴线进行校核，校核后用支撑腿进行固定，开始施工作业。依次循环开挖施工。

(6) 为了不在轴线方向产生漏挖现象，趸船向后移动时，要比挖机大臂长度少移 1 m，要与上一身位有 1 m 的重叠开挖，确保没有漏挖现象，船身每移动一次，驻船测量员需要对轴线进行校核，确保不漏挖、不偏挖、不超挖。为避免搅动悬浮底泥扩散，必要时可设置阻隔带或拦污带。抓(挖)斗式挖掘清淤定位与质量控制措施如图 2.8 所示。

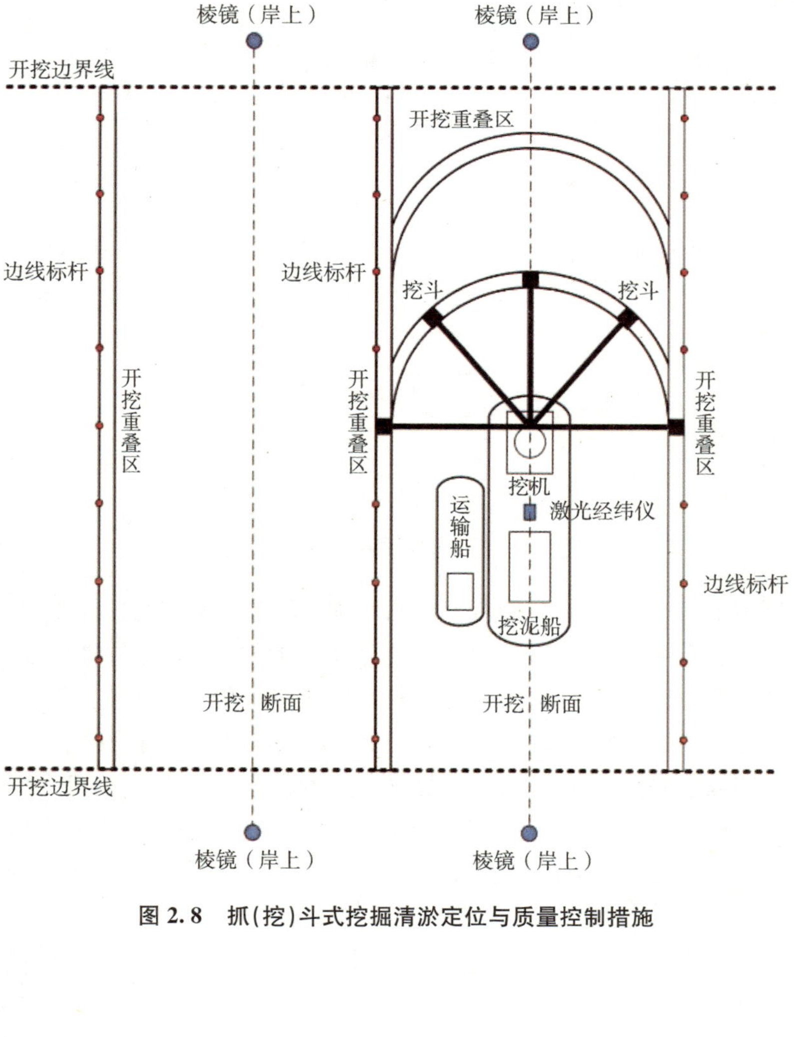

图 2.8　抓(挖)斗式挖掘清淤定位与质量控制措施

抓(挖)斗式挖掘清淤施工现场见图 2.9。

水上反铲清淤装驳

泥驳冲淤抽吸输送上岸

图 2.9　水上反铲挖掘清淤施工现场图

2.3.3.2　抓(挖)斗式挖泥船的分类[5]

国内一般采用抓(挖)斗的斗容,即建造或组装挖泥船时配制的抓(挖)斗的斗容大小来进行分类,单位为 m^3。

水上抓(挖)斗式清淤生产率可采用下式计算:

$$Q = IZ\eta$$

式中:Q——抓(挖)斗式挖泥船每小时的生产量,m^3/h;

I——抓(挖)斗的斗容,m^3;

Z——每小时的抓(挖)斗作业次数,次/h;

η——抓(挖)系数。

随着水底沉积泥沙的类别、水深不同,作业次数 Z 和抓(挖)系数 η 取不同的数值,一般根据现场挖泥工艺性试验确定。

2.3.3.3　抓(挖)斗式挖泥船的适用条件

抓(挖)斗式清淤,一般适用于开挖泥层厚度大、施工区域内障碍物多的中、小型河道、湖泊,多用于扩大河道行洪断面或增加库容的清淤工程,如湖州南浔的斜塘港采用过抓斗式清淤,南京的玄武湖采用过挖斗式清淤。

抓(挖)斗式挖泥船优点是灵活机动,不受河道内垃圾、石块等障碍物影响,适合开挖较硬土层或夹带较多垃圾的土方,且施工工艺简单,设备容易组织,施工过程受天气影响较小。其缺点是对软弱的底泥敏感度差,开挖中容易掏挖河床下部较硬的地层土方,从而泄露大量表层底泥,尤其是浮泥,造成表层浮泥经搅动后又沉积到水体之中,降低淤泥的清除率。由于抓(挖)斗式清淤容易产生浮泥遗漏,强烈扰动底泥,在以改善水质为目标的清淤工程中,由于底泥污染物向水体释放，往往会影响原有的清淤效果。

2.3.3.4 施工方式

(1) 一般挖泥法

抓斗式挖泥船一般采取纵挖式(即沿航道方向)施工，根据不同施工条件可分为顺流挖泥、逆流挖泥、分条挖泥、分段挖泥、分层挖泥等方法。

一般情况下，抓斗式挖泥船宜采用顺流开挖，主要是防止抓斗与船体发生碰撞。流速不大或有往复潮流的地区采用逆流施工。当设计挖槽宽度大于挖泥船有效挖宽时采用分条挖泥法。其分条原则是由中央向两侧分条，每相邻两条有重叠从而防止漏挖，分条最大宽度不得大于挖泥机有效工作半径。泥层厚度大于挖泥船抓斗最大挖深时采用分层挖泥法。分层原则是上层宜厚、下层宜薄，从而提高挖泥功效，保证清淤质量。挖槽长度超过挖泥船一次抛设主锚所能开挖长度时进行分段施工，分段长度易取 60～70 m。

(2) 梅花形挖泥法

对于土质松软，泥层厚度不大的情况，为了提高工作效率，又保证工程质量，多采用梅花形挖泥方法，即斗与斗之间留有一定的间隔，使所挖的泥面呈梅花形土坑，在实际施工中，根据水流的大小及土质松软情况，合理确定斗与斗之间的间距，并控制好开挖深度。

(3) 顶滩挖泥法

浅滩短挖槽上、下游都受施工吃水限制，无法顺岸线展布施工，都要采用顶滩挖泥法。利用高潮位分层向前抢挖出一条泥驳不致搁浅的挖槽，落潮时，挖泥船移到起点开挖，挖泥船与泥驳相互调档，到高潮位时，继续分层开挖，待到落潮时，如不影响泥驳吃水，可继续挖或挖下一层。如继续挖泥会影响泥驳吃水，到挖泥船与泥驳互相调档，循此法挖完为止。

(4) 留埂挖泥法

在水深条件许可时，挖泥进关采取跳一关退一关依次前进的方法，称为留埂挖泥法，即挖完第一关进到第三关，挖完第三关，退到第二关，挖完第二关跳到第五关。这种挖法，挖去第一、三、五关后留下的二、四关即为土埂，容易抓挖。

(5) 边坡挖掘

抓斗式挖泥船不能像绞吸式挖泥船一样，通过司机的操作挖掘出较为平整的边坡，所以只能采取分层开挖的方法，依靠水流影响自然坍塌最终形成边坡。台阶的开挖高度宜在 1.0～2.5 m。边坡的挖掘既要考虑超宽值，又要考虑抓斗对于淤泥岩的适应，所以越往下挖掘深度越小，并且超挖的高度应该大于欠挖高度；为了挖掘方便，台阶的分层最好与主体清淤分层大致相同，具体数据需要计算得到。

抓(挖)斗式挖泥船施工时一般根据工程特点，如施工区地质情况、抛泥区与施工区的距离、施工船舶的特性等，编制施工组织设计。施工采用分区、分段、分条进行，根据提供的水深图，参考设计标高、泥层厚度，确定分层还是采用一次性开挖至设计标高的方法进行施工；根据挖泥船主尺度大小和施工图要求开挖宽度来确定分段长度、分条宽度的施工定位方法。施工过程中，严格按照设计尺寸要求施工，及时对 DGPS、水位进行校核，勘测水深，做好施工记录和自检记录，确保施工平面尺寸及开挖标高符合设计要求。

2.3.4 气动式

2.3.4.1 气动吸泥泵生态清淤船的工作原理

气动吸泥泵生态清淤船具有清淤过程不扰动底泥，无二次污染等优点，可以实现真正的河湖生态清淤。以天津海辰华环保科技股份有限公司生产的期待吸泥泵为例，其核心部件为气动活塞吸泥泵，采用空气的充与排，依次启闭阀件，连续吸、排泥。进泥依靠水深产生的负压差，排泥以压缩空气为动力，有别于传统挖泥船的叶轮转动离心泵或机械传动方式。泵体呈长圆柱状，中间为可移动圆形隔板 A(活塞板)，两端为进出泥空间 C 与充放气空间 B。进出泥空间端连有一根钢管 D，钢管上下端装有同方向活塞板，为排泥阀 E 和进泥阀 F，与吸泥铲 H 和排泥管相连。泵体置于水底。放气时，受水底压力，圆形隔板向充放气空间移动，排泥阀关闭，进泥阀打开，进泥；充气时，在高压空气推力下，圆形隔板向进出泥空间移动，进泥阀关闭，排泥阀打开，排泥。气动活塞吸泥泵由 3～4 个泵体组成，按序轮换充气和放气，形成连续的进泥、排泥过程。气动吸泥泵的工作原理见图 2.10，实物见图 2.11。

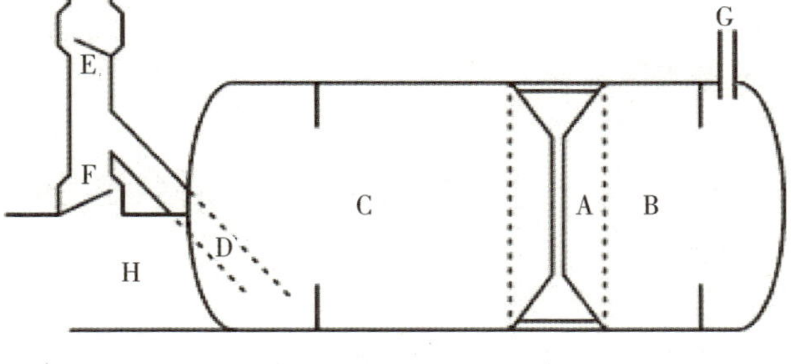

图 2.10　气动吸泥泵工作原理图

2.3.4.2 技术优势

(1) 优异的环保性

进泥口采用半圆弧状，呈吸尘器形式埋入待清淤的浮泥(或流泥)中。清

图 2.11　气动吸泥泵实物图

淤时，淤泥是在水压差（或借助真空装置）的作用下进入泵体，没有机械的动作过程，因而不会扰动清淤土层及水体，不产生泥浆泛出、水体浑浊等二次污染现象。整个吸泥、排泥、运泥与吹泥等全过程均为封闭式作业，具有优异的环保性能。

（2）清淤效果彻底

水下吸泥泵的进泥口下端与设计的清淤后标高持平，进泥口两侧各按重叠 50 cm 实施清淤，并依据水位报告和回声测深仪逐点扫描反馈的清淤高程，实时调整水下吸泥泵的进泥口深度。浮泥（或流泥）在水压差（或真空装置）的作用下进入水下吸泥口，再由空压机的压缩空气将其排出水面。

整个清淤过程中对浮泥（或流泥）没有机械动作，不扰动清淤土层（浮泥或流泥）、水体及原状土，不产生泥浆泛出、水体浑浊等二次污染现象，确保了控深精确，清淤后湖底平整，没有浅点、超挖与漏挖，清淤效果彻底。

（3）余水处理量成倍减少

气动吸泥泵生态清淤船的排泥浓度可在水下方 60%～90%范围内调控，最高可达水下方的 95%，远高于抓斗式（需转吹）或绞吸式挖泥船，排泥场规模可成倍缩减，余水处理的工程量也可成倍减少。

（4）排泥方式多样

气动吸泥泵生态清淤船直接装驳的排泥浓度可达 1.35～1.45 t/m^3，无需溢流可直接装驳外运，也可调低泥浆浓度实施管输吹填。

当排泥浓度为 1.20～1.25 t/m^3 时，额定吹距为 2 000 m；当排泥浓度为 1.25～1.35 t/m^3 时，额定吹距为 1 500 m。每增加一个同原理的加压泵，相应可增加 1.5 倍的额定吹距。排泥管直径可取 300 mm 或 400 mm，浮管、潜管、岸管均取此口径。

2.3.4.3 工艺流程

(1) 施工工艺及特点

清淤施工工艺流程见图 2.12。

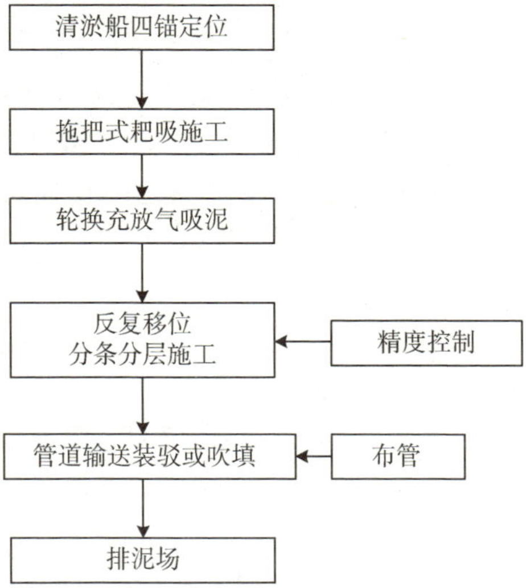

图 2.12 清淤施工工艺流程图

该施工工艺的特点是无二次污染、具有高浓度与远距离管输能力，而且底泥清除度高。

2.3.4.4 施工方式

(1) 施工前准备工作

进场前首先需要进行施工设备适应性改造，组织现场实地踏勘。还需做好清淤前工程量复核工作：根据施工图与设计交底资料，使用 RTK 做静态测量，校核控制点，计算出施工坐标参数，生成符合施工精度的施工控制网。根据规范要求，使用测量仪器对湖、渠断面进行测量，计算实际清淤挖方量，并与设计清淤工程量对比。若超出规范允许范围，立即以书面形式上报，并要求复测。

(2) 清淤施工设备下水试车

使用吊车等机械设备，将改造好的气动吸泥泵生态清淤船拼装下水，并将气动吸泥泵等疏浚施工设备安装、固定及链接就位。同时将 500 m 可移动管线和其他施工用的固定管线组装下水。待整套疏浚设备试车成功后，用锚艇将气动吸泥泵生态清淤船拖至施工区内，接上组装好的管线，进行施工展布，准备施工。

每条施工作业船配备一条锚艇。

(3) 清淤施工步骤

第一步，给气动吸泥泵生态清淤船安装先进的 DGPS 卫星定位系统和超声波测深装置，平面采用四锚固定定位，深度采用吊架控制吸泥泵的下放与提升，并设置下放深度控制标尺。

第二步，操作卷扬机来移动气动吸泥泵生态清淤船，使气动吸泥泵进行拖带式耙吸施工，淤泥由气动泵出泥口通过管线输送至排泥场或水上固化平台。

第三步，分条分层施工，气动泵吸泥口宽度为 5 m，进泥铲口高度为 0.6 m，每条施工宽度为 5 m(为了防止漏挖，一般分条之间设置 0.5 m 重叠区，分条重叠宽度可以根据施工水域宽度及泥质等实际情况及时调整)，每次清淤深 0.5 m，每次绞锚移船前进施工距离 200～300 m。

(4) 定位与平面质量控制措施

施工船采用四锚定位法进行开工展布和定位施工，其具体内容为：使用 DGPS 定位，并利用清淤工程电子图形控制系统动态监控船位。施工前，工程技术人员将施工区水域、地形、地貌等要素编制成数字地图输入驾驶台的计算机，施工时利用屏幕实时显示的数据进行施工定位导航作业。

分条施工(见图 2.13)：按气动泵进泥铲宽度，一般将施工水域分平行条线进行施工，根据湖、渠实际情况，每段施工线长度为 200～300 m，采用锚拉式前进法，拉抽屉式往复施工，并且每条施工线交界处重叠至少 0.5 m 的宽度，以防止漏挖，确保工程质量。施工中挖泥船驾驶员严格按施工导航图形显示控制开挖宽度，以减少废方。

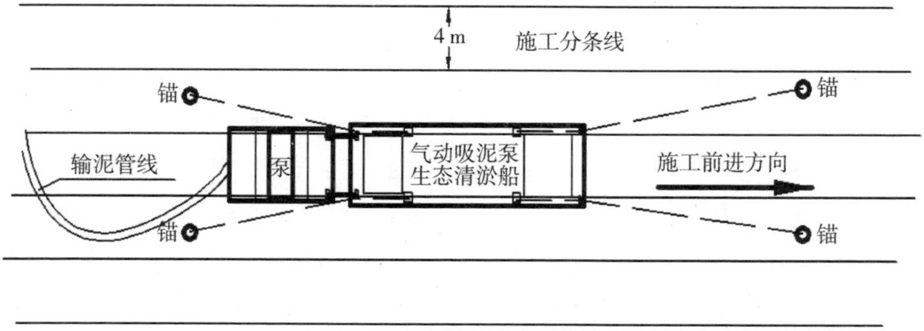

图 2.13　气动吸泥泵生态清淤船分条施工示意图

施工中定期校核各种施工定位标志和水尺零点的高程，做到一岗三测，并做好各种原始记录，及时分析、整理，检查结果和改正措施均记录详细。定期对挖泥船的施工质量进行测量检测，按规范每 15 天检测一次，对冲淤较严重的区段，则增加测量次数。

(5) 深度质量控制措施

施工前，工程人员把施工文件输入挖泥船电子图形控制系统。

分层施工原则上每层施工厚度为 0.5 m，施工员根据施工断面图形、实际土层厚度情况，及实时的水位变化情况，及时调整气动泵下放深度，控制挖深，保证挖深控制精度在±0.1 m 以内。

在气动吸泥泵的后方安装测深设备，并由显示器实时显示并检测吸泥泵施工后的泥面高程变化，掌握每层清淤质量成果，及时调整吸泥泵下放深度与施工前进速度，以保证土层开挖深度与泥面平整度。

定期对挖泥船深度显示器进行校准。

加强过程检测，及时检验泥面高程，对于漏挖、超挖问题，应多方面分析以找出其中原因，及时采取相关措施调整。

2.3.4.5 应用范围

气动吸泥泵生态清淤船适用于江河湖库生态清淤工程，以及港口航道的环保清淤工程，目前已经在国内外得到应用，取得良好效果。

在苏州地区，已成功完成东太湖长漾湖生态清淤试点，对长漾湖、雪落漾区域按照设计要求的清淤厚度及标高清除湖底全部淤泥，生态清淤总土方量约为 155.3 万 m^3，平均清淤厚度 43 cm。湖底淤泥分别被排至长漾湿地和雪落漾湿地，生态湿地面高程为 2.8 m(淤泥沉淀后的泥面高程)，常水位为 3.10 m。

气动吸泥泵生态清淤船吸泥泵泵体采用壹级标准排量配置，为 1 200 m^3/h。水下吸泥口上方安装有 GPS 定位及水深测深仪系统，吸泥口上端设有观察标杆。完工后对湖底表面进行质量检测：清淤后湖底平整，少有浅点、超挖或漏挖现象；不产生淤泥泛出、扩散而导致水体浑浊等二次污染现象；排泥浓度高，为水下方的60%～90%，余水处理量小。施工过程现场见图 2.14。

可装卸水面平台

吸泥口上方水面无淤泥扩散

出泥口高浓度泥浆　　高浓度排泥围堰内形成生态湿地

图 2.14　施工过程现场图片

2.3.5　清淤机器人

城市河湖是城市生存与发展必不可少的要素，在城市及周边地区经济发展和生态保护中都占据着十分重要的地位。在城市河湖治理过程中，清淤是一项经常性的基础工作。城市河湖由于其自身的特点和地位，在清淤过程中选择清淤技术时会受到诸多限制，特别是城市河道清淤，如不得干法清淤的河道上空存在众多的低矮管线、桥涵，存在安全隐患的暗涵清淤对人工方式的限制，常规的清淤工艺无法满足要求。为了解决上述难题，采用机器人进行清淤的施工工艺得到应用。实践表明，在特定工况条件下，采用机器人清淤可以有效杜绝安全事故，提高作业效率。因此清淤机器人的研究和应用具有重要的意义。

机器人在城市河道清淤中的应用，现有技术主要有水上清淤机器人和水下清淤机器人两种形式。下面以河道整治工程使用的两种比较成熟、先进的清淤机器人工艺设备进行介绍。

2.3.5.1　水上清淤机器人

以宜兴华都琥珀环保机械制造有限公司引进的德国 KLAWA 生态清淤机器人为例来进行说明。KLAWA 浮舟型清淤机器人采用现代化的淤泥抽吸装置，在岸边遥控操作，对河道底泥直接进行抽吸。清淤抽吸可采用悬浮分层抽吸、卧地潜行抽吸、定点固定抽吸三种方式，并可以选配水下照明灯光、柴油发电机、过滤格筛、声呐定位测试系统，如图 2.15 所示。

装置主体是一个可移动的浮舟，配置 4 个螺旋桨推进器和一套可升降的抽吸设备，通过遥控器控制在河道灵活移动，最大下沉深度 7 m，遥控操作距离 150 m。在抽吸底泥时，吸泥清理耙下沉至需要位置，双向螺旋绞龙开始运转，将沉积污泥疏松推至泵的吸口并抽出。吸入口上方设有捕石器，以防止泵的堵塞。同时在螺旋绞龙上方设有罩盖，以防止湍流和泥浆扩散。在抽吸过程中，浮舟和

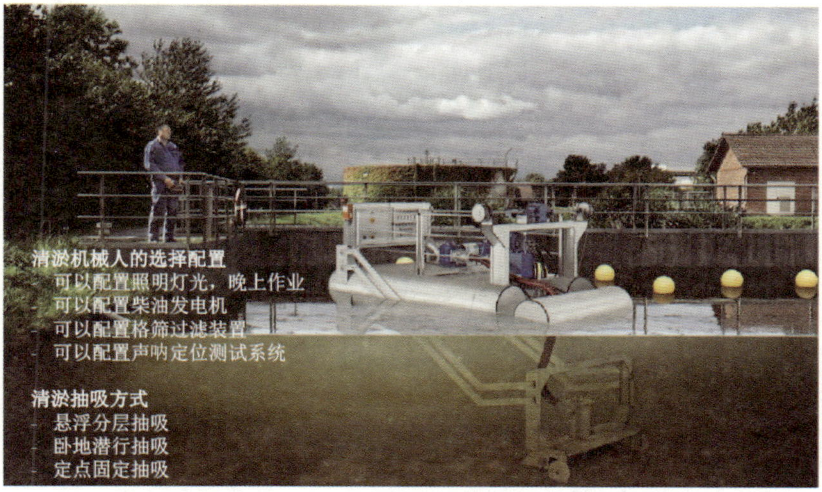

图 2.15　清淤机器人效果图

吸泥清理耙不直接接触河底，整个清淤过程为沿着河底柔和抽吸，扰动污泥层造成水体二次污染的程度较小，底泥通过输泥软管上岸进行后续处理。装置定位准确，操作简单、灵活，卫生环保。装置为全不锈钢结构，坚固耐用，使用寿命长。装置重量和外形尺寸小，便于运输和吊装。总功率小于 25 kW，泵送距离可达 300 m，不同泵型处理能力为 60～120 m^3/h。通过声呐扫描测试系统，可以快速确定河底淤泥层厚度。

浮舟型清淤机器人性能展示见图 2.16 和图 2.17。

图 2.16　浮舟型清淤机器人吊装和运输

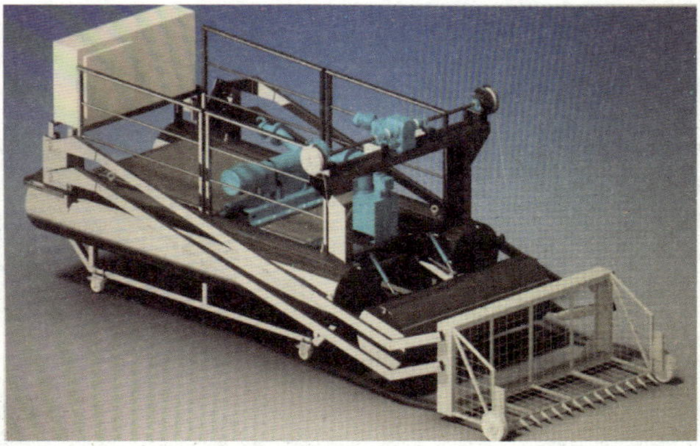

图 2.17 浮舟型清淤机器人清除水下杂物装置

进口浮舟型清淤机器人由于造价相对昂贵，清淤成本相对较高，限制了在国内清淤工程中的进一步应用。江苏博尔科环保科技有限公司开发出 MUDmole-F 型清淤机器人(见图 2.18)，其功能类似于进口浮舟型清淤机器人，造价不到进口浮舟型清淤机器人的一半，在国内城市河道清淤工程中得到了推广应用。

图 2.18 MUDmole-F 型清淤机器人

MUDmole-F 型智能无人清淤系统，主要由清淤浮体船、升降式搅拌头、泥位测试声呐、泵前故障物清洁器、泥浆泵、智能控制柜、上位智能控制装置、移动撬装式清淤污泥资源化分类减量装置等组成。可以根据不同河道的实际情况，采用不同功能模块拼装方式，使整套系统应用场景更加广泛。设备通过集成式优化设计，更适应于岸边复杂的环境。设备吊装就位后，整套系统动力可以采用发电机组或电网供电方式，对外部环境依赖小。

智能无人清淤船通过泥位探测声呐提供的数据，自主将污泥搅拌头控制到泥位下 20 cm，提高出料含固量；搅拌头叶片带切割刀片，在工作过程中对淤泥中的塑料袋、布头等柔性杂物进行适当破碎，避免造成缠绕堵塞；河道淤泥在进入泵之前，先经过特殊设计的泵前故障物清洁器，将清淤泥浆中大于 4 cm 的石块捕捉分离，同时将大于 4 cm 的柔性故障物破碎分离，防止对泵造成损害。设计计算参数见表 2.3。

表 2.3　设计技术参数表

序号	所属系统	名称	配置
1	MUDmole－F型主体	系统参数	(1) 设备总尺寸：L7705 mm × W2100 mm × H2200 mm； (2) 机体材料结构：所有机构件均为 SS304 不锈钢(如有特殊的工况要求提出，我公司会根据特殊环境，进行有针对性的防腐处理)； (3) 空载重量：2 700 kg(空气中)； (4) 总功率：33 kW； (5) 电压：380 V，频率：50 Hz； (6) 处理量：5～100 m^3/h(含固率在 2%～15%) (7) 传输距离：300 m； (8) 吃水深度：≥1.0 m； (9) 工作深度：≤5.5 m，如有特殊要求，可以根据实际要求进行定制； (10) 控制方式：远程遥控距离(200 m)，如有特殊要求，可以根据实际要求进行调整
2		绞吸系统	(1) 材质：不锈钢 304； (2) 驱动方式：液压驱动； (3) 绞吸头形式：钢制耙式，柔性耙式，其他非标定制式
3		提升系统	(1) 流量：50 m^3/h(含固率在 2%～10%)； (2) 传输距离：300 m； (3) 最大通过颗粒直径：40 mm； (4) 清淤宽度：1 900 mm
4		水下泥位感知系统	(1) 频率：400 kHz； (2) 测量范围：1～10 m
5	控制系统	主电控箱	户外不锈钢材质，IP55，也可根据要求定制
6		控制系统	(1) PLC 采用西门子系列产品，元器件采用国际一线品牌； (2) 控制系统采用具有自主知识产权的程序
7		手持式控制端	(1) 多触点 10.1 寸触摸控制屏； (2) 高亮度、高对比度，方便户外晴天操控； (3) 丰富的接口； (4) 高强度铝镁合金，IP65

南京市江宁区东山街道河道水体及河道泵站常态化管护，采用 MUDmole-F 智能清淤机器人，河道淤泥通过柔性管道排入移动式脱水站进行絮凝脱水，现

场施工情况见图 2.19。

清淤河道现场

清淤机器人及脱水设备

清淤控制系统

脱水泥饼

图 2.19　南京市江宁区东山街道河道 MUDmole-F 智能清淤机器人施工

2.3.5.2　水下清淤机器人

水下清淤机器人以山东未来机器人有限公司生产的 VVL-QY270-130P 型(见图 2.20)为例,整体采用小机身设计,潜水深度可达 50 m,并配备防水电缆。

图 2.20　VVL-QY270-130P 水下清淤机器人

机器人向前推进，通过双向绞龙将淤泥归集到吸泥口，通过泥浆泵将淤泥吸入并排出。液压绞龙吸泥面积大，渣浆泵流量 92 m^3/h，吸泥浓度高。装有专业浑水摄像机，可实时观测清淤情况。

水下清淤机器人可应用于坝前深水清淤、城市暗涵清淤、大型管道清淤、城市河道清淤等作业环境（见图 2.21）。机器人清淤工艺主要有“人不下井、路不开挖、水不断流、泥不落地”四大特点，不仅清淤效率有了质的飞跃，更有效解决了人工清淤带来的安全问题。特别是对于一些经过城中村、步行街等难以开挖地方的排水管道，机器人可以在不影响上层建筑和交通活动情况下解决清淤问题。

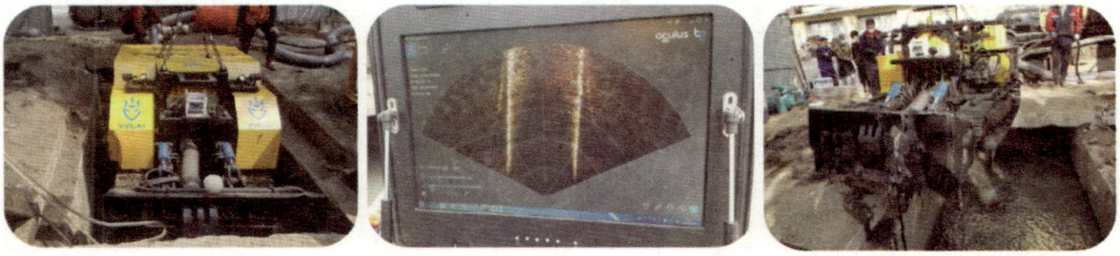

图 2.21　水下智能清淤机器人在城市暗涵清淤中使用

水下机器人整机优势明显，机身采用 Q345D 低合金钢板，低温冲击性能更好，有利于控制焊接热裂纹，可适应恶劣的野外工作环境。机器双向绞龙有良好的耐冲击性，并且采用单联式液压集成块，保证绞龙启停与转动的动力。采用高耐磨橡胶式履带，具有接地比压小、牵引力大、软弱土层通过性能好等优异性能，进一步满足各种复杂地形与环境下清淤机器人的使用要求。配备 300 m 凯夫拉电缆，起重重量 4 t，满足在牵引工况条件下的正常通电。配有电动云台，双高压水枪对土体有效切割，能够很好地完成清淤工作。

设计计算参数见表 2.4。

表 2.4　设计技术参数表

序号	所属系统	名称	配置
1	机器人部分	尺寸重量	3 200 mm×1 360 mm×1 410 mm，重量为 1 400 kg
2		机身框架	机身机构框架、液压缸、支重轮、水枪旋转云台，材质为 Q345D 低合金钢板
3		动力系统	整体采用液压驱动
4		观测系统	采用 4 台高清浑水相机，图像清晰、细腻，最低照度 0.001 Lux，超强夜视，日夜自动切换
5		照明系统	4×50WLED 水下照明灯
6		缆控系统	手动电缆绞车，300 m 凯夫拉电缆，起重重量 4 000 kg，用于连接清淤机器人和主控制箱

续表

序号	所属系统	名称	配置
7	机器人部分	渣浆泵	排出口径 100 mm，流量 92 m^3/h，扬程 25 m，功率 18.5 kW，电压 380 V，水平输送距离大于 300 m
8		绞龙	直径 240 mm，长度 1 300 mm，全液压驱动，转速 30～110 r/min
9		深度航速	下潜深度 50 m，行进速度 5～26 m/min
10		履带	高耐磨橡胶式履带，宽度 255 mm，轴距 1 600 mm，含履带驱动轮、涨紧轮及其支撑套件
11		行走马达	行走速度 3～26 m/min，工作压力 16 MPa，爬坡角度≤30°
12	控制系统	主控系统	显示器采用 19 吋 LED 高亮液晶显示器，电脑采用 I5 主机，硬盘容量 1 T，工业级防水控制器
13		高压水枪	双水枪头摆动，电动云台，水平 180°，垂直 90°
14		动力控制仓	6 联组合式液压控制集成块，工作压力 20 MPa，控制机器人的行进和机械臂的上下及液压绞龙

水下智能清淤机器人在南水北调中线已经累计施工近一年时间，并且辗转了十多个管理处进行水下清淤作业，其中包括天津曹庄管理处，河南鹤壁管理处、安阳管理处，河北石家庄洨河管理处、邢台管理处等。项目产品经历多个地点进行水下清淤作业，作业环境复杂多样，如存在大量垃圾和淤泥板结的情况，使用效果得到业主好评，施工现场情况见图 2.22。

图 2.22 水下智能清淤机器人在南水北调中线使用

2.4 泥浆输送

2.4.1 管道运输

管道运输是河湖清淤泥浆运输使用最广泛的方式。管道运输有着独特的优势。与其他运输方式相比，管道运输运输量大，劳动生产率高；建设周期短，投资少，占地少；运输损耗少，无“三废”排放，有利于环境生态保护；可全天候连续运输，安全性高，事故少；运输自动化，成本和能耗低。

2.4.1.1 排泥管线布设

排泥管是为吸扬式挖泥船或吸泥船排输泥浆所配置的管道。自挖泥船尾接出的排泥管，由浮筒承托漂浮在水上，每组由两个圆形、椭圆形、矩形或船形浮筒组成，每节排泥管之间用橡皮套管连接，用铁卡夹紧。岸上排泥管多以法兰螺栓连接，并有弯头、短管、分汊管配套，可送至抛泥区。在岸上，近岸水域中设置的排泥管架设在排泥管架上。水上浮管与岸管接头处，应满足伸、缩、摆动要求，常用球形或橡皮接头、伸缩管、短管等组成。

排泥管平面布置根据施工船舶的总扬程，根据土区至吹填区的距离、地形地貌，施工区的水位或潮汐变化等因素综合考虑确定。根据所架设区域和排压确定管线型式和材料规格要求，多为 HDPE 管或钢管。

排泥管线布置典型案例见图 2.23。

(a) 排泥管线架设过河

(b) 排泥管线架设过绿化带

图 2.23 典型排泥管线布置

2.4.1.2 陆上排泥管线敷设要点

(1) 通过勘察确定最优敷设路线，尽量避免与公路、铁路、水渠和其他建筑物交叉；必须穿越时，应事先进行协商征得有关部门同意并采取相应加固措施。

(2) 排泥钢管法兰之间应装设密封圈，卡接紧固严密，整条管线不得漏水、漏泥。

(3) 排泥管线穿越公路时，可采用半埋、全埋、明铺、架设管桥等方式。半埋、全埋或明铺穿越时，钢管强度需满足要求，卡接紧固并宜加设软管。采用架空方式时，管桥的净空符合我国公路的标准，架空管强度满足要求；采用半埋或明铺时，管道顶部及两侧填土保护，两侧填土的坡度不宜大于 1∶10。

(4) 排泥管线穿越水渠、河沟时，宜架设在管架或浮筒之上。

(5) 排距较长、地势变化较大时，应在管线最高处装设呼吸阀；当水位变化频繁，陆地管经常处于淹没环境下工作时，应在水陆接头处装设呼吸阀。

(6) 排泥管口应布置在远离泄水口且离开围堰内坡脚不小于 10 m 位置；排泥管口如需加装喷口，喷口直径应通过计算确定。

2.4.1.3 管架及接头敷设要点

(1) 管架及接头位置根据施工安排和现场条件等因素综合确定，出口管架头远离吹填区排水口，其高程根据施工地形及设计要求设定。

(2) 管架结构根据地基、排泥管径、管架间距、高度、用途及使用时间长短确定，可采用竹木架、钢桩、冲填沙袋等结构，管架头稳固可靠，满足使用要求。

(3) 水陆管线接头采用柔性连接，水上管线部分留有一定的活动余量，高差大的区域可在水上加设过渡平台。

2.4.1.4 水上排泥管线敷设要点

(1) 根据水流、风向布设成平滑的弧形，并抛管子锚固定。在水上管线和水下、陆上排泥管连接处设多向管子锚固定。

(2) 排泥管与浮筒或浮体之间必须连接牢固；浮筒之间及船体与船尾后第一组浮筒间应以铁链或钢缆绳连接。

(3) 水上排泥管间应采用柔性连接，浮筒管线应力求平顺，抛锚的数量、角度、位置应合理，避免造成弯多、弯急或胶管匮折的情况。

(4) 当直接由浮筒管进行水上排泥时，出口处应加一个 30°或 45°弯管和直径合适的喷口，浮筒末端可采用打桩或抛锚等措施固定，但须防止锚缆埋死。

(5) 排距较长时，宜在船上排泥管末端加设真空释放阀。

(6) 在风浪、流速较大的水域，水上排泥管不宜过长，以不超过 300～500 m 长为宜，当实际水上排泥管超过 500 m 时部分管线宜采用潜管方式。水上管线的使用长度一般为挖泥船尾至水陆接头处或与潜管接头处最大直线距离的 1.2～1.3 倍。

2.4.1.5 潜管施工要点

(1) 潜管宜按钢管、胶管相间方式进行柔性连接，组装时，潜管两端应用闷板密封。在河床较平坦时可根据钢管与胶管长度，将2～4节钢管与1节胶管组装；在地形变化较大地段胶管数量应适当增加。

(2) 潜管两端上下坡处应安装球形接头或弯头，弯头弯度不宜超过30°。

(3) 对有航行要求的水域，潜管起止端应设置端点站并配备充排气、水设施和闸阀等。

(4) 潜管组装完后必须进行打压试验，试验压力应不小于挖泥船正常施工时工作压力的1.5倍，各处均达到无漏气、漏水要求时，方可就位敷设。

(5) 潜管沉放完毕后，两端应下八字锚固定，并按有关规定在其两端设置明显的警示标志。

(6) 潜管起浮时，对有航行要求水域宜采用充气排水法，对无航行要求水域亦可采用深点抽水法。

2.4.1.6 接力泵站施工

确定接力泵站的位置是接力系统设计中非常重要的一个问题，直接串联或接力泵离主泵太近，虽有利于管理，但接力泵后管线所承受的压力较高，管线破裂损坏的概率较大；远地串联时，整个排泥管线的沿程压力分布比较均匀，但主泵的出口压力又不能得到充分利用。决定接力泵站位置的关键因素是在整个系统正常运转时，后一台泥泵的进口处应保留一个大气压的余压，在此条件得不到满足的特殊情况下，余压不得低于50 kPa，以避免泥泵与排泥管路发生汽蚀。

接力泵站后排泥管线高于接力泵出口时，在站后排泥管线上装设止回阀是为了防止接力泵突发故障停机时，排泥管线中泥浆倒流对泥泵产生冲击，同时还可方便泥泵检修。

2.4.1.7 防止堵泵、堵管措施

(1) 严格按照潜水泥浆泵和输泥管线的典型安装方式安装。

(2) 要求加大吸水滤网管，改善吸水状况。

(3) 重点监控输泥管线的工作压力和出浆口状况；工作压力会随着泥浆浓度的增大而上升，控制好输浆压力和流量。

(4) 每次开泵前，先抽清水；停泵前，需要抽清水清洗管路。

2.4.2 槽罐车运输

对于工程泥浆不适合采用管道输送的工况，一般多采用专门的槽罐车运输，

容积通常为 25～45 m^3，采用全封闭式运输罐，罐顶设置进浆口，罐底设置排浆口。在清淤现场附近建造泥浆收集浓缩池，在浓缩池边搭设上泥台，上泥台上布置输泥管道，泥浆通过泥浆泵经输泥管道打入运输罐内，装满后，将进浆口封闭，最后由槽罐车运至指定消纳场处置。操作过程见图 2.24。

(a) 上泥台　　(b) 槽罐车上泥

图 2.24　槽罐车运输泥浆操作现场

泥浆运输需要执行当地政府的工程渣土管理规定。施工单位应在工程开工前持建设工程有关资料向城市渣土管理部门申报工程泥浆排放处置计划，填报工程泥浆的种类、数量、运输工具、运输路线及消纳处置场地。施工单位持渣土管理部门核发的处置证向经审核批准经营的运输单位办理工程泥浆托运手续。

随着各地政府对城市市容和环境卫生管理标准的提高，对工程泥浆运输的要求越来越严格。运输车辆的行驶路线和时间，由渣土管理部门会同公安交通管理部门确定。车辆运输应按规定的运输路线和时间运行，运输途中不得偷倒乱倒渣土。槽罐车运输工程泥浆，应随车携带处置证，接受渣土管理部门的检查。

2.5　泥浆脱水处理及设备选择

2.5.1　脱水标准

对于泥浆脱水处理，《疏浚与吹填工程技术规范》(SL 17—2014)要求处理后淤泥应符合下列要求。

(1) 淤泥含水率降至 70%以下并保证淤泥上行人能够安全通行，无安全隐患。

(2) 遇水不造成环境污染。

这里需要说明的是，城镇污水处理厂的污泥应进行污泥脱水处理，脱水后污泥含水率应小于80%(城镇建设行业标准),这两个标准的计算方式不一样,应注意区分。

水利行业标准:含水率(%)=水/干土(质量比)

城镇建设行业标准:含水率(%)=水/(水+干土)(质量比)

另一点需要说明的是,当采用絮凝工艺进行泥浆脱水,会提高淤泥的液限,降低脱水泥饼的干密度,尤其是有机质含量和黏粒含量高的情况下,会出现含水率超过70%的情况下,淤泥不渗水,行人能安全通行。

因此对于泥浆脱水(泥饼)处理标准,建议在设计文件中要求施工单位进场后通过工艺性试验确定具体指标,原则上应满足具体淤泥运输和处理路径的需要。

2.5.2 板框压滤机脱水

板框压滤机包括由交替排列的滤板和滤框构成一组滤室。滤板的表面有沟槽,其凸出部位用以支撑滤布。滤框和滤板的边角上有通孔,组装后构成完整的通道,能通入悬浮液、洗涤水并引出滤液。板、框两侧各有把手支托在横梁上,由压紧装置压紧板、框。板、框之间的滤布起密封垫片的作用。由供料泵将悬浮液压入滤室,在滤布上形成滤渣,直至充满滤室。滤液穿过滤布并沿滤板沟槽流至板框边角通道,集中排出。过滤完毕,可通入洗涤水洗涤滤渣。洗涤后,有时还通入压缩空气,除去剩余的洗涤液。随后打开压滤机卸除滤渣,清洗滤布,重新压紧板、框,开始下一工作循环。

板框压滤机对于滤渣压缩性大或接近不可压缩的悬浮液都适用。适合的悬浮液的固体颗粒浓度一般为10%~50%,操作压力一般为0.3~1.6 MPa,特殊的可达3.5 MPa或更高。板与框用手动螺旋、电动螺旋和液压等方式压紧。板框用铸铁、铸钢、不锈钢、聚丙烯和橡胶等材料制造。

隔膜板框压滤机通常简称为隔膜压滤机(见图2.25),与普通厢式压滤机的主要不同之处就是在滤板的两侧加装了两块弹性膜(复合橡胶隔膜是整体膜片),运行过程中,当入料结束,可将高压流体介质注入隔膜板中,这时整张隔膜就会鼓起,压迫泥饼,从而实现泥饼的进一步脱水,就是压榨过滤。使用过程中,当入料结束,可将高压流体或气体介质注入隔膜板中,这时整张隔膜就会鼓起压迫泥饼,进而实现泥饼的进一步脱水,就是通常讲的压榨过滤。

隔膜压滤机具有压榨压力高、耐腐蚀性能好、维修方便、安全可靠等优点,被认为是普通厢式压滤机的替代升级设备,在单位面积处理能力、降低泥饼水分、对处理物料性质的适应性等方面都表现出较好的效果,在河湖底泥脱水领域已经被逐步应用,泥饼含水率最低。相比传统的厢式压滤机,泥饼含固率最高可提高2倍以上,泥饼运输成本大大降低,泥饼可进入电厂直接燃烧,真正将污泥变

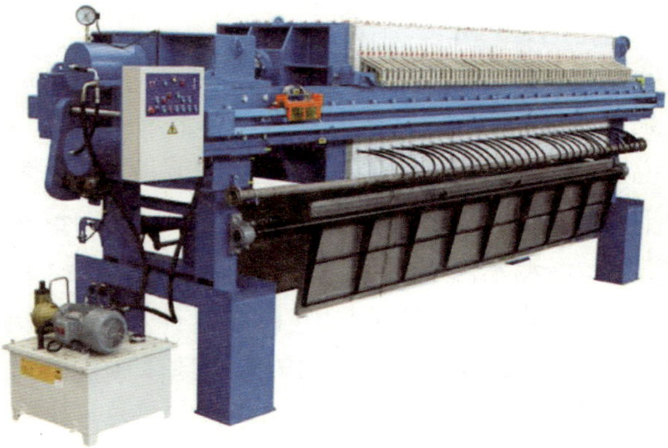

图 2.25　隔膜板框压滤机

资源，污水变清泉，完全取代了厢式压滤机。

采用隔膜压滤机进行河湖底泥脱水的工艺流程如图 2.26 所示。

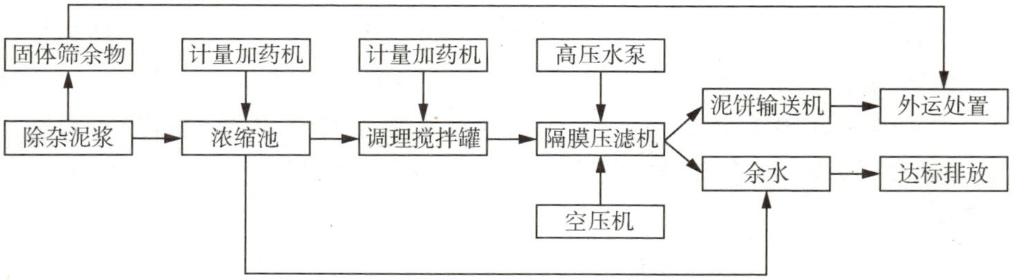

图 2.26　隔膜压滤机脱水工艺流程图

采用隔膜压滤机进行河湖底泥脱水的实施布置如下。

(1) 泥浆粗细分离

从各清淤点输送过来的泥浆，在进入储泥池前先进行分级筛选：第一级为除杂，将 2 cm 以上的固体垃圾分离处理；第二步为除砂，利用高频振动筛分机将细砂以上的粗颗粒筛分出来，泥浆进入储泥池。筛分出来的固体垃圾直接运至垃圾填埋场处置，粗颗粒砂沥干后可以作为填筑材料再利用。

(2) 浓缩沉淀

在泥浆从储泥池输送进入浓缩池前投加絮凝剂，加药采用计量加药机和软管泵在管道中投加，采用管道混合器进行混合。泥药混合物在浓缩池中絮凝浓缩沉淀，上清液经净化处理后排放或直接排放。

(3) 泥浆调理

浓缩泥浆通过泥浆泵抽吸进入调理搅拌罐，保持合适的浓度持续慢速、均匀搅拌，保证罐内泥浆性状基本相同。

（4）梯级压力入料

调理泥浆通过进料泵及附属连接管路输送至隔膜压滤机滤室，进料泵进料过程是个变频控制过程，初期低压力（0.3～0.5 MPa）大流量，避免初始过滤阻力太大，形成泥饼夹心。此时形成的滤室泥浆疏松，流阻小，过滤快，通过这种入料方式，使滤室充盈速度快。在滤室初步充盈后，自动切换为高压（0.6～0.8 MPa）小流量进料，使滤室充盈、均匀，具有良好的可吹性和穿流性能。整个过程自动运行，直至进料过程结束。

根据泥浆有机物含量和颗粒组成，以及泥浆室内压滤性能试验，必要时调理泥浆中可再次掺加絮凝剂。

（5）隔膜压榨

进料结束后，开始隔膜高压压榨过程，压榨压力为 1.2 MPa 左右。压榨采用隔膜进水挤压，压榨系统由压榨储水箱、高压多级离心泵及其连接管路等组成。隔膜挤压的目的是进一步降低泥饼含水率，一般可将泥饼含水率降至 60%以下。

（6）吹扫、穿流

吹扫、穿流系统由空压机和储气罐组成，经过空压机压缩的空气进入储气罐储存，储存空气通过管道连接到机身进行吹扫、穿流。吹扫是利用压缩空气从进料管道吹风，使进料管道中存滞的泥浆回流到搅拌池中。穿流是利用压缩空气从压滤机前端滤液管道进气穿流，吹顶置换泥饼内部及表面的游离水，不仅有利于降低泥饼水分，还能使泥饼脱除时更容易。

（7）卸料

隔膜压滤机可实现自动拉板卸料，泥饼通过皮带输送机输送至泥饼堆场，再由挖掘机或装载机堆高，最后再由渣土车外运。

（8）滤布清洗

为了保证滤布的过滤透水性能和卸料状态，需要定期清洗滤布。清洗水可使用沉淀池上清液或压滤水，清洗泥浆回流进入储浆池。

（9）管路及阀门维护清洁

当阀门及管路长期通过浓缩泥浆，会有渣物黏附堵塞，造成管路堵塞、阀门失灵、启闭不严，导致设备无法正常工作。因此需要定期维护清洗系统管路和阀门，保证阀门灵活开闭、启闭到位、管路畅通，保障压滤机系统的可靠运行。

隔膜压滤机脱水站现场实施见图 2.27。

隔膜压滤机脱水稳压中

脱水泥饼

图 2.27 隔膜压滤机脱水站现场

2.5.3 带式压滤机脱水

带式浓缩压滤机(以下简称带式压滤机)是依据化学絮凝接触过滤和机械挤压原理而制成的高效固液分离设备,主要由驱动装置、机架、压榨辊、上滤带、下滤带、滤带张紧装置、滤带清洗装置、卸料装置、气控系统、电气控制系统等组成,具有工艺流程简单、自动化程度高、运行连续、控制操作简便和工作过程可调节等一系列优点。

其原理为:经过浓缩的泥浆与一定浓度的絮凝剂在静、动态混合器中充分混合以后,泥浆中的微小固体颗粒聚凝成体积较大的絮状团块,同时分离出自由水,絮凝后的泥浆被输送到浓缩重力脱水的滤带上,在重力的作用下自由水被分离,形成不流动状态的淤泥,淤泥夹持在上下两条网带之间,在楔形预压区、低压区和高压区由小到大的挤压力、剪切力作用下,逐步被挤压,以达到最大程度的泥、水分离,最后形成泥饼排出。

带式压滤机脱水过程可分为预处理、重力浓缩脱水、楔形区预压脱水、压力区高压脱水及滤带冲洗五个重要阶段,具体脱水流程如下。

(1) 预处理

预处理阶段与隔膜压滤机基本相同,包括泥浆粗细分离、浓缩沉淀和泥浆调理三个步骤。

(2) 重力浓缩脱水

调理泥浆经布料斗均匀送入滤带,随滤带向前运行,游离态水在自重作用下通过滤带流入接水槽,重力脱水也可以说成高度浓缩脱水,主要作用是脱去泥浆中的自由水,使淤泥的流动性减小,为进一步挤压做准备。

(3) 楔形区预压脱水

重力脱水后的淤泥流动性几乎完全丧失,随着带式压滤机滤带向前运行,上下滤带间距逐渐减少，物料开始受到轻微压力，并随着滤带运行，压力逐渐增大。楔形区的作用是延长重力脱水时间，增加絮团的挤压稳定性，为进入压力区做准备。

(4) 压力区高压脱水

经过预脱水的淤泥脱离楔形区就进入压力区，淤泥在此区内受挤压，压力沿滤带运行方向随挤压辊直径的减少而增加，淤泥受到挤压体积收缩，淤泥内的间隙游离水被挤出，此时，基本形成泥饼，继续向前至压力尾部的高压区，经过高压后泥饼的含水量可降至最低。

(5) 滤带冲洗

带式压滤机在工作过程中，滤带要连续运转，为保持滤带清洁，避免物料陷入滤带缝隙造成堵塞，在上、下滤带及浓缩带的回程段，设有冲洗装置，包括冲洗水箱、水管、输水管及阀门等，特制可更换的喷嘴，水管内装有刷子。冲洗装置具有良好的封闭性，便于维护和清理，无冲洗水飞溅打湿泥饼，冲洗喷头有自动清洗装置。当滤带运行经过冲洗水箱时，滤带被冲洗干净，为下一个压榨循环做好准备。

带式压滤机脱水站现场实施见图 2.28。

(a) 浓缩池　　(b) 带式压滤机脱水施工中

图 2.28　带式压滤机脱水站现场

2.5.4　真空排水预压法

2.5.4.1　技术简介

真空排水预压法[6]是一种加固软土地基的方法，属于排水固结法的一种。运用该法加固软土地基时，先在需要加固的软基中插入竖向排水通道（如砂井、袋装砂井或塑料排水板等），然后在泥面铺设一层砂垫层，再在其上覆盖一层不透气的密封薄膜。借助于埋设在砂垫层中的水平排水通道，通过抽真空装置在膜下抽真空形成负压(相对大气压而言)，负压沿竖向排水通道向下传递，土体与竖向排水通道的不等压状态又使负压向土体中传递，在负压作用下，土体中的孔隙水(含空气)逐渐渗流到竖向排水通道中而达到土体排水固结、强度增加的效果。真空排水预压法加固软基的基本原理见图 2.29。

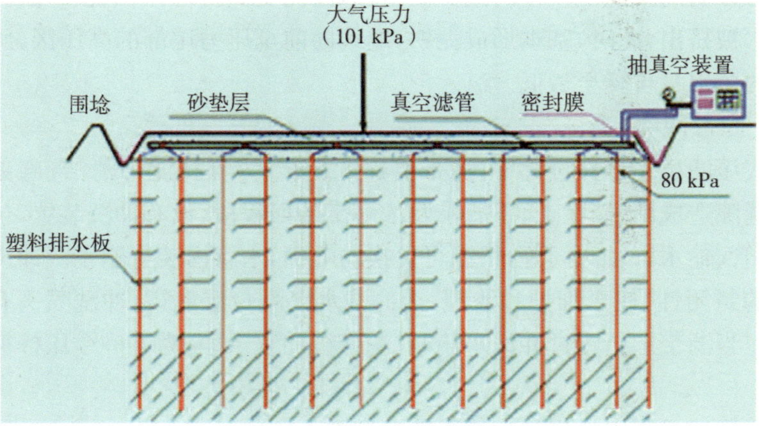

图 2.29　真空排水预压法基本原理图

在围海造地工程应用中，真空预压法通过大量的工程实践，目前已经能实现无砂垫施工，节省了工程造价。在水利清淤工程中，无砂垫层真空排水预压法适用于有大面积作业条件、处理量大的脱水项目，特别适合于透水性差、黏粒含量高的淤泥。该法优点是工艺成熟，操作简单，处理成本低；物理方法脱水，没有外掺药剂；处理后的场地具有一定的地基承载力，可作为土地使用。由于该法的实施需要相应容量的泥浆池，占地面积大，限制了在城市河道清淤中的进一步应用。但是，如果条件允许，在城市周边能够建设一定面积的固定脱水站，城市清淤泥浆通过管道输送或槽罐车运输，在脱水站集中采用真空排水预压法处理，则是一种高效、价低的处理方式，有利于后期的资源化利用。

2.5.4.2　工艺流程

无砂垫层真空预压法进行淤泥脱水，目的是降低淤泥含水率，方便后续运输或资源化利用，无需考虑加固软土地基需要重点解决的沉降问题，因此，施工流程相对简单，施工监测、检测工作量大幅减少。

在泥浆池收集泥浆工作完成后，泥浆经过浓缩、排水、晾晒，即可进行无砂垫层真空排水预压法施工，施工流程见图 2.30。

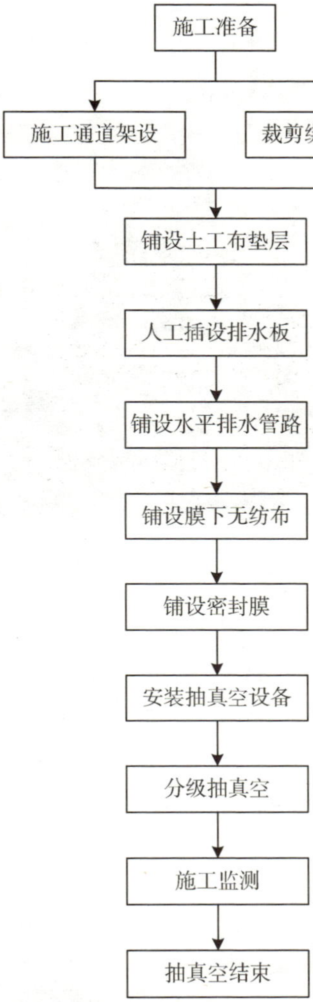

图 2.30　无砂垫层真空排水预压法施工流程图

2.5.4.3　工艺流程说明

(1) 施工临时便道搭设

按施工处理面积及区块划分原则，利用临时施工便道进行处理区块划分，亦为开展吹填泥面施工提供前提条件。施工便道采用“毛竹架+泡沫板”方式搭设的浮筏便道见图 2.31。泡沫板规格为 1 m×2 m。

(2) 铺设编织布

在处理区域泥面上铺设一层大于 200 g/m^{2}的编织土工布，见图 2.32。其主要作用：一是作为人工施工作业面；二是将水平管路及表层排水板与泥面隔离，

图 2.31　施工便道(浮桥)搭设图

防止淤堵。编织布铺设前,先将加固区四周桩位准确定位。从处理区临近周边道路一侧或临时搭设的施工便道开始,采用沿处理分区某一方向向前推进方式进行人工摊铺,铺设人员可站立在 1 m×2 m 泡沫板上,考虑人员安全,要求相关施工人员穿戴雨裤和救生衣。

图 2.32　编织布(人工插板作业面)铺设图

编织布的拼接采用手提工业缝纫机缝合,包缝或丁缝搭接宽度≥200 mm,缝合尼龙线强度≥150 N。铺设完毕的编织布强度不低于编织布本身抗拉强度。

为确保编织布铺设的连续性，在加固区四周相应向外延伸 1 m，并用沙袋或泥袋固定。

(3) 人工插设塑料排水板

在泥面铺设的编织布上，进行人工插板施工。通常采用B型塑料排水板，间距通过计算确定，正方形或梅花形布置，打设深度通常小于 5 m。排水板预先剪裁并按设计间距与透水软管绑扎连接，即“板-管”一体式人工插入加固区。

在陆上按照设计间距将板头绑扎在软式透水管上，绑扎位置外包一块无纺布，防止戳破真空膜；排水板另一板头处裁剪掉不少于 10 cm 芯板，保留外表滤膜，折叠并包裹好，防止淤泥从排水板下部板头处进入排水通道造成堵塞。

将绑扎好的排水板与透水软管整体运输至场内，按照一定的间距布置软式透水管，工人站在编织布上或借助泡沫板用预先制作好的插枪实施人工插板，插设时两人一组，将排水板另一端穿过枪头横条位置处，折叠 10～20 cm 左右，垂直插入淤泥中，见图 2.33。

图 2.33　泥面上现场人工插板

(4) 铺设水平排水管路

真空支管采用直径 40 或 50 mm 的透水软管，事先与排水板绑扎连接，并与排水板施工一并完成。真空主管可以采用直径不小于支管的 PVC 管或透水软，按支管间距采用打孔穿管连接或十字接头连接，如图 2.34 所示。

(5) 铺设膜下无纺布

在布置好的管路之上铺设一层无纺布($200\ g/m^2$)，见图 2.35，采用人工摊铺的方式进行铺设。土工布之间采用搭接的方式，搭接宽度不小于 20 cm。施工时要检查无纺布的质量，如有刺破、撕裂等破坏时，及时进行修补更换。在加固区四周向外延伸 1 m，并用沙袋或泥袋固定。其主要作用是保护密封膜在抽真空过程中不被管路或排水板在真空压力作用下顶破。

图 2.34　主管与支管连接设置图

图 2.35　泥面铺设的无纺布

（6）铺设密封膜

选用聚乙烯薄膜，厚度为 0.12～0.16 mm。真空密封是真空预压的关键工序，密封好坏直接影响真空预压效果。铺膜要做好一切准备工作，在操作经验丰富的人指挥下人工铺设。严禁任意用力拉扯，根据当时风向确定密封膜的铺设顺序，确保密封膜在铺设过程中完好无损，见图 2.36。

密封膜周边埋设过程中，应分层埋设，避免相邻两层同时埋设产生不密封现象。铺设一层密封膜后，及时修补膜面破损处，检查无误后再铺设第二层密封膜。铺设完成后，四周用泥块或沙袋将密封膜压住，以防被风吹散。如果场地四周均为软弱地基，可以人工清理表面硬壳层后，将密封膜踩入淤泥中不小于

图 2.36　泥面铺设密封膜

0.5 m。

(7) 埋设监测仪器

施工观测用的沉降标、孔隙水压力计、膜下真空度测头和真空表等的位置、间距布置，按设计要求绘制平面布置图上报监理，经批准后方可施工埋设。膜下真空度测头均匀分布在真空预压单元块内，真空度测头放置在相邻两滤管之间的编织布上，上覆厚度为 10～20 cm 的砂层，起保护作用。

(8) 安装抽真空设备

采用射流真空泵，确保其能形成不小于 96 kPa 的真空压力。按设计要求的位置和数量安装射流真空泵和配套的电气设备，电缆线和电气设备应满足射流真空泵长期运行的性能要求。吸水胶管通过出膜器与主管连接。现场安装的射流真空泵见图 2.37。

图 2.37　安装射流真空泵

(9) 分级抽真空

射流真空泵安装后应进行试开泵抽气，通过试抽气，再次检查射流真空泵的性能，查找膜上是否有漏洞，并及时修补。正式抽气过程中要随时注意膜下真空度情况，注意保护密封膜，保护各种观测仪器的出膜装置。维护好真空泵，各抽真空区域准备 1～2 台备用泵并合理布置到真空预压网络中，保证全部真空泵能全天候连续运行。

抽真空时应严格控制真空度加载速率，开始时可先开启少数真空泵，分级加载。当真空度达到 50～60 kPa 时持续抽 1～2 周，使淤泥形成一定的固结度，再开足所有真空泵，膜下真空度应稳定地维持在 70 kPa 以上，达到标准压力后开泵率不宜小于 80%。如果发现密封出现问题时，应及时查找原因，及时解决。恒载期间的密封膜与水平排水管路紧密贴合，见图 2.38。

图 2.38　恒载期间的密封膜

为了保持真空预压的效果，恒载阶段可以在四周密封沟位置用沙袋或土堆筑围堰，使得地块区抽出的地下水覆盖在膜表面，既可以起到保护密封膜的作用，又可以增加荷载。

(10) 施工监测

在软土地基加固处理过程中，监测与检测是信息化施工的主要组成部分，它是设计与施工质量的基本保证。通过现场施工监测与检测，为施工开展提供及时的反馈信息，控制加荷速率，评价处理效果，决定卸载时间，并修正完善设计，从而达到节省投资的目的。真空排水预压过程中需要进行施工监测和检测，包括表层沉降监测、孔隙水压力监测、钻孔取土含水率试验、十字板剪切试验等。

(11) 卸载

真空排水预压加固软土地基标准为:通常抽真空时间约 90 d 左右,根据实测地面沉降速率连续五昼夜平均沉降量小于或等于 2 mm/d 时即可卸载真空。对于以降低淤泥含水率为目标的真空排水要求来说,卸载的标准建议采用一定深度的淤泥含水率指标来表示。

2.6 余水处理

2.6.1 余水处理标准

对于清淤疏浚的余水处理标准,《疏浚与吹填工程技术规范》(SL 17—2014)要求淤泥处理余水排放如需回排至清淤水体,水质应好于原水;如排至其他水体,应符合《污水综合排放标准》(GB 8978—1996)(下文简称《污水排放》)要求。淤泥处理余水属于《污水排放》中的“其他水污染物排放”,在目前没有新增加水利清淤工程国家行业水污染排放标准的情况下,仍然执行该标准。

《污水排放》污水标准分级如下。

排入《地表水环境质量标准》(GB 3838—2002)Ⅲ类水域(划定的保护区和游泳区除外),执行一级标准;排入《地表水环境质量标准》(GB 3838—2002)Ⅳ、Ⅴ类水域,执行二级标准。

《污水排放》将排放的污染物按其性质及控制方式分为两类。第一类污染物,不分行业和污水排放方式,也不分受纳水体的功能类别,一律在车间或车间处理设施排放口采样;第二类污染物,在排污单位排放口采样,采样方法宜采用多点取样,且样本应有代表性,其最高允许排放浓度必须达到《污水排放》要求,见表 2.5 和表 2.6。

表 2.5 第一类污染物最高允许排放浓度

序号	污染物	最高允许排放浓度
1	总汞(mg/L)	0.05
2	烷基汞(mg/L)	不得检出
3	总镉(mg/L)	0.1
4	总铬(mg/L)	1.5
5	六价铬(mg/L)	0.5
6	总砷(mg/L)	0.5
7	总铅(mg/L)	1.0

续表

序号	污染物	最高允许排放浓度
8	总镍(mg/L)	1.0
9	苯并(a)芘(mg/L)	0.000 03
10	总铍(mg/L)	0.005
11	总银(mg/L)	0.5
12	总 α 放射性(Bq/L)	1
13	总 β 放射性(Bq/L)	101

表 2.6 第二类污染物最高允许排放浓度(主要)

序号	污染物	一级标准	二级标准	三级标准
1	pH	6～9	6～9	6～9
2	色度(稀释倍数)	50	80	—
3	悬浮物(SS)(mg/L)	70	150	600
4	五日生化需氧量(BOD_5)(mg/L)	20	30	300
5	化学需氧量(COD)(mg/L)	100	150	500
6	氨氮(mg/L)	15	25	—
7	元素 P(mg/L)	0.1	0.1	0.3
8	总有机碳(TOC)(mg/L)	20	30	—

随着河长制的推行，对清淤余水处理的要求越来越高。由于清淤工程具有一次性特点，余水来水水量大，水体中污染物浓度相对生活污水而言是比较低的，而且城市中污水处理场地往往比较狭窄，所以污水处理难度大，费用高。如果条件允许能够支付处理费用排入市政管网，应是比较好的选择，但在城市中很难能有污水处理厂接纳，就地资源化利用也不现实。因此，进行净化处理回排至清淤水体，也是迫不得已的选择。实际上，环保单位和河道管理单位会经过协商权衡，根据清淤水体的性质和当地的水环境现状，给出一个妥协的排放标准，但该排放标准也会远远高于《污水排放》标准要求，比如，有的项目要求主要指标达到《城镇污水处理厂污染物排放标准》(GB 18918—2002)一级 A 标准，有的要求主要指标达到《地表水环境质量标准》(GB 3838—2002)Ⅴ类水标准。

2.6.2 余水主要污染物特征

清淤余水排放主要污染物指标一般采用 SS、PH、COD_{Cr}、BOD5、NH_3-N、

TN 和 TP 含量中的几项。

北京师范大学霍守亮，中国环境科学研究院荆一凤、席北斗和北京工业大学陈雄峰等专家学者，于 2003 年底历时 17 天，配合无锡西五里湖某环保疏浚示范工程，采用包括 PAM 在内的多种絮凝剂对堆场生产余水进行净化处理[7]。堆场余水水质主要以出水 SS 含量为控制指标，同时监测 COD_{Cr}、NH_3-N、TN 和 TP 含量，部分监测数据见表 2.9。

表 2.9　生产性试验污染物监测结果　　单位：mg/L

SS	COD_{Cr}	TP	TN	NH_3-N
62	4.85	0.24	7.06	6.67
59	4.38	0.16	7.65	6.93
31	5.00	0.18	7.43	7.37
135	8.73	0.97	7.26	6.54
14	4.04	0.06	7.56	6.60
160	8.92	0.41	10.95	4.46
60	4.34	0.32	8.85	3.67
122	7.99	0.89	9.46	6.43
350	10.65	1.12	12.76	8.39
296	10.77	1.05	11.38	8.57
204	9.54	0.86	11.25	6.89
相关系数	0.92	0.86	0.89	0.49

由表 2.9 可以看出，出水 SS 与 COD_{Cr}、TP 和 TN 含量有很好的相关性，通过控制余水中 SS 含量可以控制大部分污染物的含量。

中交广州航道局有限公司陈洁等依托福建省泉州市某水库环保疏浚工程[8]，对疏浚泥浆采用 PAC＋PAM 絮凝工艺进行余水净化，施工期间对处理前的泥浆沉淀上清液和处理后的余水进行检测，检测结果如表 2.10 所示。

表 2.10　处理前后水质检测结果　　单位：mg/L

项目	COD	BOD_5	TP	TN	SS
处理前	/	/	1.54	6.9	1 134
2016.12	15.8	4.1	0.05	9.5	10.5
2017.1	17.3	4.4	0.06	9.2	35.3
2017.2	6.0	1.3	0.04	7.1	26.3

续表

项目	COD	BOD_5	TP	TN	SS
2017.3	6.5	1.3	0.04	8.5	12
排放标准	≤100	≤20	≤0.5	—	≤70

注：排放标准指《污水综合排放标准》(GB 8978—1996)其他水污染物排放一级标准。

由表 2.10 可以看出，处理后的余水 SS 与 TP 含量有很好的相关性，与 TN 含量的相关性不明显。通过絮凝净化工艺控制余水中 SS 含量，降低了余水中其他的污染物浓度，实现了余水的达标排放。

南京水利科学研究院陈海波在南水北调中线河北段某退水闸清淤试验工程中，对清淤余水进行净化处理试验，试验方法和过程如下。

沉积淤泥的有机质含量大于 5%，有腥臭味，颗粒组成检测情况为：>0.075 mm 占 7%、0.075～0.005 mm 占 83.7%，<0.005 mm 占 9.3%。主渠道中的水质为地表Ⅱ类水。清淤采用自吸泵进行水上抽吸式清淤，输泥管采用橡胶软管与自吸泵相连，脱水采取“PAC＋PAM”联用、带式压滤机脱水工艺。浓缩池沉淀余水和压滤余水分别测试。

尾水净化处理采用 RD-CDBR 型净水装置。RD-CDBR 型净水装置为专门应用于地表水类、河湖底泥脱水尾水净化的一体化装备，主要包括 RD 动态膜和 DMBR 膜等功能组件。内置的 RD 动态膜组件，可截留水中部分胶体、细菌及悬浮物，并快速吸附水中 COD、色度等污染物。

表 2.11 为泥浆浓缩池沉淀余水（上清液）在通过水质净化装置前后的水质对比，主要指标能达到《污水综合排放标准》(GB 8978—1996)水污染排放一级标准。相比处理前，处理后的 TN 含量降低 32.5%，TP 含量降低 61.9%，NH_3-N 含量降低 31.8%，整体水质得到较大提升。图 2.39 为处理前后的上清液表观对比图，可明显看出，经净化装置处理后的尾水明显变得清澈。

表 2.11　上清液净化前后的水质指标对比　　单位：mg/L

名称	SS	TN	TP	NH_3-N	高锰酸盐指数
处理前	119.5	18.06	0.21	17.13	27.87
处理后	22.0	12.19	0.08	11.68	6.68

表 2.12 为压滤余水在通过水质净化装置净化前后的水质对比，相比处理前，处理后的 TN 含量降低 32.7%，TP 含量降低 56.5%，NH_3-N 含量降低 33.0%，达到《污水综合排放标准》(GB 8978—1996)水污染排放一级标准。

图 2.39　处理前后的上清液表观对比图(左:处理前;右:处理后)

表 2.12　压滤余水净化前后的水质指标对比　　单位:mg/L

名称	SS	TN	TP	NH_3-N	高锰酸盐指数
处理前	65.6	18.75	0.23	16.90	43.60
处理后	18.1	12.62	0.10	11.33	25.62

从上述不同时期、不同类型清淤工程中余水处理案例的定量分析来看,余水主要污染物有如下特征。

(1) 处理后的余水 SS 含量与 COD_{Cr}、TP 含量有很好的相关性,去除 SS 能有效地降低 COD_{Cr}、TP 的浓度。

(2) 处理后的余水 SS 含量与 NH_3-N 含量的相关性不明显;与 TN 含量的相关性,不同的工程会得出不同的结论,还没能达成一致。

(3) 排除重金属等污染物,清淤余水的主要污染物浓度相对于生活污水是比较低的。

(4) 如果要进一步提高清淤余水的排放标准,主要的技术难度是处理 NH_3-N。

2.6.3　余水处理方案

常用低氨氮废水处理方法见表 2.7。

表 2.7　常用低氨氮废水处理方法分析比较汇总表

处理方法	优点	缺点
吹脱气提法	在高 pH 值和中高温条件下，使废水与空气密切接触从而降低废水中氨浓度的过程，推动力来自空气中氨的分压与废水中氨浓度相当的平衡分压之间的差值。对高浓度氨氮废水处理效果好，工艺简单，投资少	需要高 pH 值和中高温；出脱出的氨气有一定污染，需进行回收再利用
折点氯化法	将氯气通入废水中达到某一点，在该点废水中游离氯含量较低而氨的浓度降为零，当氯气通入量超过该点时，水中的游离氯就会增多，氨浓度会随之升高。处理效率达到 90%～100%，不受温度影响，投资少	折点氯浓度难以控制； 运行成本高； 处理后尾水对河道自然水体生态系统有破坏作用
化学沉淀法	向 NH^{4+} 废水中投加 Mg^{2+} 和 PO_4^{3-}，使之和 NH^{4+} 形成难溶复盐 $MgNH_4PO_4 \cdot 6H_2O$(MAP)结晶，在通过重力沉淀使 MAP 从废水中分离。处理效率达 99%以上，氨氮浓度可低于 1 mg/L，MAP 可作为复合肥料	运行成本高； 工艺参数难以控制
交换吸附法	废水中投加复合吸附剂，通过底部微孔曝气装置进行混合反应。复合吸附剂由粉末活性炭、沸石、改性硅藻土、氨氮氧化剂、助滤剂等组成，可根据余水水质各污染因子的污染程度调配用量，主要针对废水中的有机物、氨氮及总磷。吸附效率高，具有抗冲击能力强、操作灵活、稳定可靠可间歇运行等特点，对于微污染水的处理具有很强的适应性	运行成本高； 污泥量多，固废处理工作量大
生化法	利用微生物去除氨氮，通过培养自养型硝化细菌，在有氧条件下，亚硝酸菌和硝酸菌将 NH_3-N 转化为亚硝酸氮 NO_2^--N 和硝酸氮 NO_3^--N，从而去除氨氮。该工艺成熟、运行成本低，处理效果好，尾水对自然水体生态环境无害且有促进作用	基建投入大； 系统培菌时间长； 可间歇运行能力弱； 冬天处理效果差

传统生化处理工程造价高、运行条件苛刻、管理复杂、间断运行能力差，处理深度不够，冬天运行效果差；而生态修复技术抗污染冲击能力弱，处理效率低，占地面积大。因此，根据清淤工程实际情况，因地制宜，采取“物化＋生化＋生态”综合治理技术应该是处理低氨氮清淤余水的一种可行路径。

操召军高级工程师提出一种“BECP 高效混合吸附滤床(物化吸附＋生化硝解)＋生态湿地立体综合治理”技术方案，是传统物化、生化技术和水生态修复技术高效融合优化的系统技术，以物化/生化/生态系统工程形式展现，具有高效、低耗、可间断持续、抗冲击能力强、季节性干扰小、稳定的优点，既解决建设传统生化厂站造价高、占地面积大、间歇运行难的问题，又解决了单一生态技术占地面积大,处理效率低,抗冲击能力弱等多个缺陷。工艺流程见图 2.40。

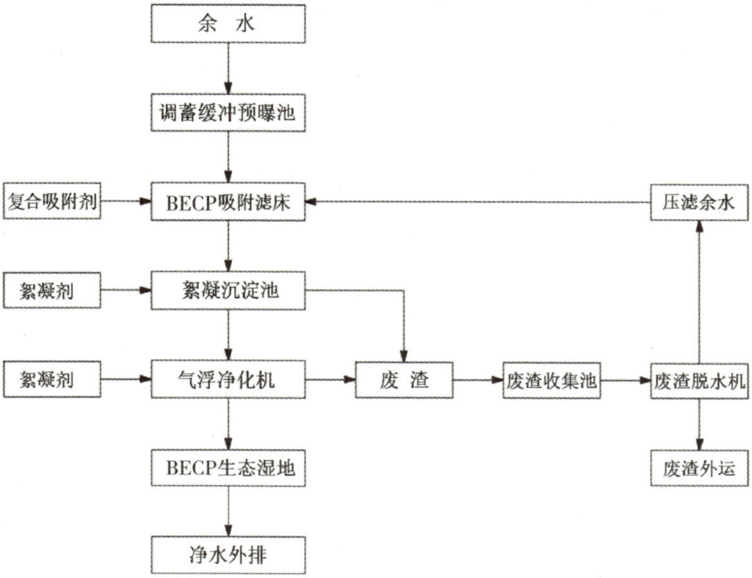

图 2.40 清淤低氨氮余水净化处理工艺流程图

具体处理步骤为:余水进入调蓄缓冲预曝池进行水质水量调节,然后进入 BECP 高效混合吸附脱氮滤床进行多相脱氮,然后泵入沉淀池二沉后进入气浮成套设备混凝、泥水分离,已经初步达标的水体再次进入 BECP 生态湿地深度涵养净化,最终稳定达标回排进入清淤水体。

在夏季,生化生态处理能力强时,可降低物化复合吸附剂投加量,甚至不投加,大大降低运行成本;在冬季或系统生化生态硝解能力弱,可提高复合吸附剂投加量,保证出水达标稳定性,运行灵活,成本可控。该技术思路有待在具体的工程中验证。

参考文献

[1] 金相灿,李进军,张晴波. 湖泊河流环保疏浚工程技术指南[M]. 北京:科学出版社,2013.

[2] 若望. 抓质量重信誉年产值逾千万——泰兴县渔业机械厂在稳步前进[J]. 渔业机械仪器,1986(6):37.

[3] 吴镜明. 水力冲挖机组在河道疏浚工程中的应用技术和效益[J]. 江苏水利科技,1994(2):45-49.

[4] 挖泥船疏浚设备建造检验指南[S]. 北京:中国船级社,2020:5.

[5] 刘守金.绞吸式挖泥船施工与管理[M].北京:中国水利水电出版社,2005.
[6] 娄炎.真空排水预压法加固软土技术(第二版)[M].北京:人民交通出版社,2013.
[7] 霍守亮,荆一凤,席北斗,等.环保疏浚堆场余水处理生产性试验研究.环境科学研究[J].2007,20(1):75-79.
[8] 陈洁,陈林.疏浚底泥脱水工程排放尾水处理的关键技术[J].中国给水排水,2019,35(2):105-108.

第3章 河道淤泥处置及资源化利用技术

3.1 河道淤泥处置概述

怎样处理大量的清淤淤泥已经成为水利工程建设中亟待解决的问题，目前国内外尚未有淤泥处理的规范方法，工程应用中技术人员对淤泥处理技术的选择无章可依。为此，本章对国内外主要的淤泥处理技术进行了梳理，分别按淤泥是否污染、处理地点差异和最终归宿的不同进行了分类。重金属污染污泥可采用钝化、稳定化的处理方法；就地处理技术和堆场处理技术适合于大规模淤泥的处理，也是目前国内外采用最多的方法；资源化利用技术是未来淤泥处理技术的发展方向。在实际淤泥处理工程中，需要根据处理技术要求和淤泥的特点合理选择处理方法，并且工程中往往是多种处理技术相结合。

淤泥的含水率大于80%，黏粒含量大于20%，扰动强度极低，正常排水固结缓慢，大量的淤泥需要设置淤泥堆场而长期占用大量土地，造成土地资源的极大浪费，同时淤泥中还常含有较多的重金属等污染物，容易造成二次污染，如何高效、经济、规模化地对淤泥进行资源化处理或处置就显得越发重要。目前，我国对于淤泥的处理主要以抛弃和简易填埋为主，随着土地资源的紧缺和人们环保意识的增强，这种简单的处置方式受到越来越多的限制。

南京水利科学研究院岩工程研究所黄英豪教授，对国内外的淤泥处理技术进行调研和梳理[1]，尤其对一些具有发展前景的技术进行了较详细的原理分析，并辅以应用实例进行简单介绍，以期给相关工程技术人员参考，促进我国淤泥处理技术系统化、规范化。

淤泥的处理方法受到淤泥本身物理、化学性质的影响，这些基本性质主要包括淤泥的初始含水率（水与干土质量比）、黏粒含量、有机质含量、黏土矿物种类及污染物类型和污染程度。黄英豪教授根据对国内外淤泥处理技术的研究，按照不同的划分标准提出更加有利于工程化应用的分类方法，见图3.1。在实际的淤泥处理工程中，可以根据待处理淤泥的基本性质和拥有的处理条件，选择合适的处理方案。

而对污染物含量超过相关标准的淤泥，则在处理时首先应考虑把污染水平降低到相关标准之下，例如对重金属污染超标的淤泥可以采取钝化、稳定化

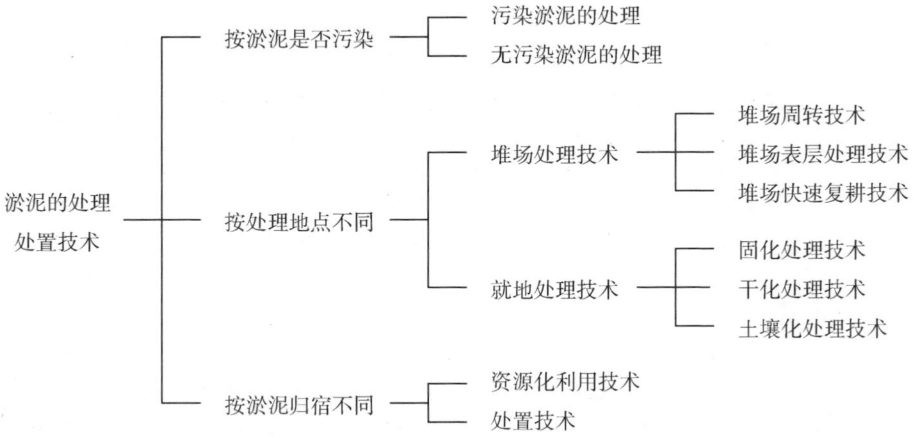

图 3.1　淤泥的处理处置技术分类

技术。

堆场处理法是指将底泥疏浚出来后，输送到划定的淤泥堆场进行处理。由于淤泥本身黏粒含量很高，透水性差，固结过程缓慢，因此如何实现泥水快速分离，缩短淤泥沉降固结时间，从而加快堆场的周转使用或快速复耕，是堆场处理法中的关键性问题。

就地处理技术也可以理解为原位处理方法，即在河流、湖泊或水库内利用物理、化学或生物方法，通过改善底泥的物理化学性质来降低污染物的溶解度、毒性或迁移性。就地处理技术包括针对污染淤泥的原位覆盖技术和水体排干后进行的固化、干化、土壤化处理技术。

淤泥固化、干化、土壤化等各种能把废弃淤泥变为资源重新进行使用的技术都属于淤泥的资源化利用范畴，此外，资源化利用技术还包括把淤泥制成砖瓦的热处理方法。热处理方法是通过加热、烧结将淤泥转化为建筑材料，按照原理的差异又可以分为烧结和熔融。烧结是通过加热到 800～1 200 ℃，使淤泥脱水、有机成分分解、粒子之间黏结，如果淤泥的含水率适宜，则可以用来制砖或水泥。熔融则是通过加热到 1 200～1 500 ℃使淤泥脱水、有机成分分解、无机矿物熔化，熔浆通过冷却处理可以制作成陶粒。热处理技术已经比较成熟，国内外的不少学者都进行过相关研究。热处理技术的特点是产品的附加值高，但热处理技术能够处理的淤泥量非常有限，比如普通制砖厂一年大概能消耗淤泥 5 万 m^3，不能满足目前我国淤泥动辄上百万立方米发生量的处理需求。从对淤泥的大规模产业化处理前景来讲，固化、干化、土壤化的资源化利用技术是具有生命力的，和堆场处理技术结合则更能显示出效益。

3.2 制作种植土

3.2.1 技术简介

河湖淤泥资源化综合利用技术构建了以机械组分、有机质含量、入渗率、土壤密度等多目标控制的复配掺量参数化设计方法，以企业标准的形式规定了用疏浚底泥与绿化废弃物制品配制绿化种植土壤的工艺流程与技术标准，制备满足规范要求的再生绿化种植土壤(《绿化种植土壤》CJ/T 340—2016)和绿化用有机基质(《绿化用有机基质》GB/T 33891—2017)[2]。该技术可以指导解决疏浚底泥和绿化废弃物的处置问题，以及绿化种植土壤和绿化用有机基质的需求问题，展现了节能减排措施中的循环式生产方式，由此产生了一定的经济效益、环境效益和社会效益。

3.2.2 工艺流程

河湖淤泥改良配制绿化种植土壤工艺流程见图 3.2。

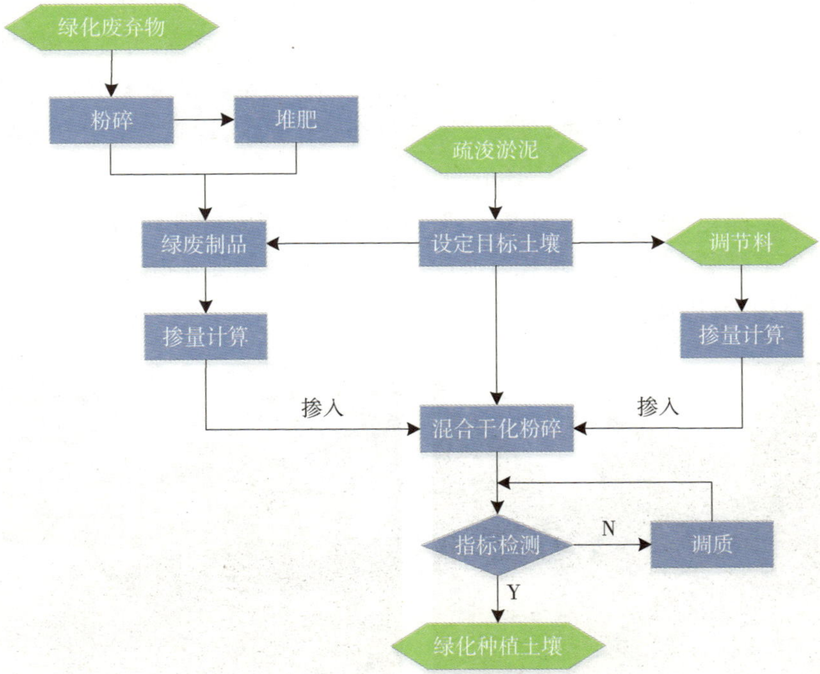

图 3.2 淤泥改良配制绿化种植土壤技术工艺流程图

3.2.3 工艺流程说明

实施步骤如下。

(1) 对淤泥来料(见图 3.3)进行控制指标检测,检测结果不满足要求禁止使用或限制使用,满足要求则作为淤泥原料使用,并进行理化性质检测,得到淤泥原料基本参数。淤泥通常先经过筛分处理去除固体垃圾,控制指标检测内容包括 pH、含盐量、重金属控制指标和其他污染控制指标,淤泥原料基本参数包括 pH、含盐量、含水率、机械组成和有机质含量。

图 3.3 淤泥来料(脱水后)

(2) 对绿化植物废弃物来料进行预处理,剔除非植物材料和污染植物材料,病虫害废弃物做特殊处理,其他健康废弃物分类分拣,各类废弃物分类粉碎后制成小于规定粒径的废弃物碎屑,废弃物碎屑可以经堆肥处理制成堆肥产品(见图 3.4),符合条件的可作为淤泥干化膨胀剂使用。对病虫害废弃物之外的其他健康废弃物分类分拣,可按照树根树干、枝叶、草花分类划分,并对应制成不同废弃物碎屑,利用废弃物碎屑制作堆肥时,一般应加入辅料和接种菌剂,使堆肥原料符合制作要求,堆肥原料中严禁混入有毒、有害、危险及其他严重污染环境的物质。

堆肥产品包括绿化用有机基质、有机肥料和初级发酵废弃物碎屑。堆肥建议采用好氧堆肥工艺,利用堆积时所产生的高温来杀死废弃物碎屑中的病菌、虫卵和杂草种子,达到无害化的目的。

绿化废弃物

绿化废弃物粉碎后好氧发酵堆肥

图 3.4 绿化废弃物堆肥

(3) 设定目标配制土壤的质地类型及其对应的基本参数，再结合淤泥原料基本参数，确定绿化植物废弃物制品组成和选择不同质地的调节料组成。目标配制土壤基本参数包括主控指标和选择指标，主控指标一般包括 pH、含盐量、有机质含量、质地、入渗率 5 项；选择指标一般包括有机质含量、入渗率 2 项主控指标的更高或具体要求，以及密度等潜在障碍因子技术要求。

调节料为用于调节淤泥原料机械组成以满足设定目标配制土壤质地指标要求的未污染沙土材料。

(4) 对调节料进行控制指标检测，检测结果不满足要求禁止使用或限制使用，若满足要求则进行理化性质检测，得到调节料基本参数，再结合目标配制土壤基本参数和淤泥原料基本参数进行调节料掺量计算，得到调节料掺量。

(5) 对绿化植物废弃物制品进行理化性质检测，得到绿化植物废弃物制品基本参数，再根据目标配制土壤基本参数、淤泥原料基本参数、调节料基本参数和调节料掺量进行绿化植物废弃物制品掺量计算，得到绿化植物废弃物制品掺量。

绿化植物废弃物制品掺量计算方式，根据目标配制土壤基本指标的不同，主要有以下几种：

第一种，按目标配制土壤“有机质”单设计要项计算；

第二种，按目标配制土壤“有机质＋密度”二设计要项计算；

第三种，按目标配制土壤“有机质＋密度＋入渗率”三设计要项计算。

(6) 把绿化植物废弃物制品按其掺量、把调节料按其掺量掺入淤泥原料，进行混合干化和粉碎作业，制成目标配制土壤毛料。混合干化作业一般为混合后闷料并晾晒一段时间，重复 3～5 次，以提高土壤孔隙率、进一步混合均匀和降低含水率，干化土壤粉碎后的土壤粒径要求小于 2 cm。

(7) 对目标配制土壤毛料进行理化性质检测，检测结果满足要求即为符合设定目标配制土壤要求的一般绿化种植土壤，不满足要求的，在主控指标和选择指标范围内，通过适当掺加绿植废弃物制品、调节料或辅料调整相应指标参数，使之满足一般绿化种植土壤的设计技术指标要求。

对制成的绿化种植土壤进行种植对比试验，结果表明性能优于普通园土，见图 3.5。

本技术工艺基于淤泥和绿化植物废弃物制品基本参数的检测，通过对目标配制土壤基本参数的分解，按照科学、合理的配制流程控制，协调各技术指标之间的相互影响与相互制约，实现对淤泥改良配制绿化种植土壤的精准设计，解决了淤泥改良配制绿化种植土壤的设计难题，具有一定的系统性和普适性，不仅可以实际解决部分淤泥和绿化植物废弃物的处置问题，还能实际解决种植土壤的需求问题。

序号	地径（g）		全株鲜重（g）	
	园土	再生绿化土	园土	再生绿化土
1	6.32	5.77	19.2	12.3
	6.57	5.6		
2	5.11	6.39	15.6	18.12
	5.25	6.36		
3	5.6	6.99	14.79	26.6
	5.39	6.76		
4	4.11	6.74	7.37	16.36
	4.05	6.39		
5	5.1	5.92	13	14.01
	4.95	5.79		
平均			13.992	17.478

图 3.5　绿化种植土壤种植对比试验

3.2.4　主要产品简介

利用绿化植物废弃物制品和调节料改良淤泥配制绿化种植土壤，通过系统性的配制流程控制，实现成土质量的精准控制，制备符合中国城镇建设行业标准《绿化种植土壤》(CJ/T 340—2016)的用于一般绿化种植的土壤，实现淤泥和绿化植物废弃物的资源化利用。主控指标的技术要求见表 3.1。

表 3.1　主控指标的技术要求

<table>
<tr><th colspan="4">主控指标</th><th>技术要求</th></tr>
<tr><td rowspan="3">1</td><td rowspan="3">pH</td><td rowspan="2">一般植物</td><td>2.5∶1 水土比</td><td>5.0～8.3</td></tr>
<tr><td>水饱和浸提</td><td>5.0～8.3</td></tr>
<tr><td colspan="2">特殊要求</td><td>特殊植物或种植所需在设计中说明</td></tr>
<tr><td rowspan="4">2</td><td rowspan="4">含盐量</td><td rowspan="2">EC 值(mS/cm)
(适用于一般绿化)</td><td>2.5∶1 水土比</td><td>0.15～0.9</td></tr>
<tr><td>水饱和浸提</td><td>0.30～3.0</td></tr>
<tr><td rowspan="2">质量法(g/kg)
(适用于盐碱土)</td><td>基本种植</td><td>≤1.0</td></tr>
<tr><td>盐碱地耐盐植物种植</td><td>≤1.5</td></tr>
<tr><td>3</td><td colspan="3">有机质含量(g/kg)</td><td>12～80</td></tr>
<tr><td>4</td><td colspan="3">质地</td><td>壤土类(部分植物可用沙土类)</td></tr>
<tr><td>5</td><td colspan="3">土壤入渗率(mm/h)</td><td>≥5</td></tr>
</table>

目标土壤在满足 5 项主控指标的基础上，还应根据实际情况满足设计技术指标的要求，见表 3.2。

表 3.2 目标土壤设计技术要求

序号	指标	选择指标	技术要求
1	主控指标	有机质含量(g/kg)	设计值
		质地	设计值
		土壤入渗率(mm/h)	设计值
2	选择指标	阳离子交换量(CEC)[cmol(+)kg]	设计值
		密度(mg/m^3)	设计值
		发芽指数	设计值

根据使用土壤绿地与人群接触的密切程度，应采用不同重金属含量控制指标。具体规定如下：

(1) 水源涵养林等属于自然保育的绿(林)地，其重金属含量应在表 3.3 中Ⅰ级范围内；

(2) 植物园、公园、学校、居住区等与人接触较密切的绿(林)地，其重金属含量应在表 3.3 中Ⅱ级范围内；

(3) 道路绿化带、工厂附属绿地等有潜在污染源的绿(林)地或防护林等与人接触较少的绿(林)地，其重金属含量应在表 3.3 中Ⅲ级范围内；

(4) 废弃矿地、污染土壤修复等重金属潜在污染严重或曾经受污染的绿(林)地，其重金属含量应在表 3.3 中Ⅳ级范围内。

表 3.3 绿化种植土壤重金属含量的技术要求 单位：mg/kg

序号	控制项目	Ⅰ级	Ⅱ级		Ⅲ级		Ⅳ级	
			pH<6.5	pH>6.5	pH<6.5	pH>6.5	pH<6.5	pH>6.5
1	总镉≤	0.40	0.60	0.80	1.0	1.2	1.5	2
2	总汞≤	0.40	0.60	1.2	1.2	1.5	1.8	2
3	总铅≤	85	200	300	350	450	500	530
4	总铬≤	100	150	200	250	250	300	400
5	总砷≤	30	35	30	40	35	55	45
6	总镍≤	40	50	80	100	150	200	220
7	总铜≤	40	150	300	350	400	500	600
8	总锌≤	150	250	350	450	500	600	800

当绿地可能存在除表 3.3 中 8 种重金属之外的潜在污染时，应根据 HJ/T 350—2007 的规定开展其他污染物的检测。

3.3 水热制砖

3.3.1 技术简介

水热法属液相化学的范畴，是指在特制密闭反应器（高压釜）中，以水溶液作为反应体系，通过对反应体系加热、加压（或自生蒸汽压）而进行材料合成与处理的一种方法。水热法是19世纪中叶地质学家在模拟自然界成矿作用时发现的，在这项研究中，地质学家Murhcisno首次使用“水热”一词。水热法是创造一个相对高温、高压的反应环境，使通常难溶或不溶物质溶解并且重结晶。科学家们于1905年开始应用水热法开展功能材料方面研究。自20世纪70年代水热法制备超细粉体的兴起，使其很快受到世界许多国家重视。

与此同时，废物处理与再利用也受到人们的关注。日本高知大学的山崎等人设计了水热加压成型装置——水热热压（Hotpressing）反应设备，进行了一系列废弃物的固化研究，并成功将无机废弃物在较低的温度下反应固化为高强度的固化体。然而，由于水热压技术的加压和升温同时进行，导致了固化时间长，生产效率低，设备比较复杂等问题，使其应用和发展受到了限制。水热固化技术是将加压成型和加热固化分离的一种方法。水热固化和地下规程岩的成岩过程相似。水热条件下水的离子积是常温常压下的数千倍，故常温下不溶的物质在水热条件下会变得易溶。地下深处的高温高压流体场在运动的过程中常伴随成岩成矿现象，即地下高温热水沿构造运动形成通道运移过程中所产生的一系列复杂的溶解/沉淀等相应反应在围岩上的成岩成矿过程。故模拟地下水热成岩机理，根据溶解/析出原理可将自然界需要千百万年才能完成的堆积岩成岩周期缩短至实验室条件下的数十小时。

在水热反应中，水既可作为一种化学组分参与反应，又可以作为溶剂和膨化促进剂，同时也是压力传递介质，通过加速渗透反应和控制过程的物理化学因素，实现无机化合物的形成和改进。水热合成技术，可以看成是地表下的堆积岩的漫长形成过程（需千百万年）在工业条件下的再现（数小时）。利用堆积岩的成岩机理，在水热条件及封闭体系下合成反应，既可以获得坚硬的水热合成体，又可以控制水热合成体内生成大量的纳米级微细孔。此外，由于水热合成技术所需温度较低（≤200 ℃），对原料自身的微观孔结构破坏较小，且制备过程所需能耗较低，大约仅为烧成陶瓷材料的六分之一。正是由于低温水热合成技术具有这些优异的特性，它才成了合成黏土质多孔调湿材料的最佳选择之一。

目前此技术由同济大学景镇子教授团队主要研究和推广应用，利用水热固化技术将河道淤泥制造为人造岩石固化砖体，并进一步制成功能性材料和生态材料[3]。目前此技术已成功应用于多种固体废弃物利用上，取得了很多成果。

（1）已成功地实现了河道淤泥、建筑垃圾、海砂、生活垃圾灰、粉煤灰、炼钢矿渣、黄河沉积泥沙弃物的再利用。并且成功地在 120 ℃的低温下固化出了高强度的固体废弃物固化体，实现了超低环境负荷生产。

（2）首次利用垃圾灰水热合成出多孔（0.01～10 μm）、轻质（0.5～0.7 g/cm^3）、高比表面积（60 m^2/g）以及硅藻土，并首创在废弃物中添加另一种废弃物的水热固化物，制造了强度可与轻质发泡混凝土相比拟的多孔体。

（3）首次水热合成硅藻土质多孔体。系统地研究了添加物掺量、成型压力、水热合成温度及合成时间对细孔孔径的分布、细孔容量、比表面积的影响。通过合成体的强度与其孔径分布、细孔容量、比表面积的关系研究，得到了水热合成的硅藻土质多孔体的强度愈强，其孔径愈小，孔容量和比表面积愈大的结论，解决了传统的烧成法强度和多孔化之间的矛盾。

3.3.2　技术优势

利用水热固化技术，将淤泥添加进人造岩石固化砖体，形成再生淤泥固化体。水热固化淤泥所得到的产品具有众多优势。

（1）产品性能好，附加值高。

水热固化技术制成的再生淤泥固化体产品具有很高的强度。产品平均抗折强度大于 10 MPa、平均抗压强度均大于 30 MPa，可以满足步道砖、广场砖的强度要求。同时，耐久性、抗冻性等各方面性能也优于传统水泥制品。

（2）水热固化能够固定重金属离子，避免二次污染。

淤泥成分复杂，其中重金属阳离子对环境破坏最为严重。研究证明，水热固化过程中，金属离子可以参与反应，可包裹在生成物（或结构）之中，形成化学吸附，不易渗出。通过水热过程，可以将固体废弃物中的多种重金属离子固定，同时 CSH 凝胶也可吸附其他有害物质，避免二次污染。

（3）淤泥利用率高。

传统淤泥制砖方法一般是将其作为填料利用，利用率低，一般利用率低于 20%，而使用水热固化技术进行处理时，淤泥是作为主要反应物参与反应，淤泥（含水率 50%）利用率都可达到 50%，最高可以达到 80%。

（4）固化温度低，环境负荷小。

水热固化温度低（≤200 ℃），生产过程能耗约为普通建材烧制过程的 1/6，产品可循环使用，节能环保；同时低温不会破坏原料的组成和结构，故产品可以重新粉碎固化，实现材料的循环使用。

（5）生产过程周期短，无需养护，节约堆场面积。

从进料到生产出成品，整个生产过程不超过 10 h，且产品出釜即为成品，无需养护，极大缩短了生产周期，节约堆场面积，生产过程更加高效。

3.3.3 工艺流程

上海同臣环保股份有限公司已经成功地将水热固化技术用于河道废弃底泥的资源化利用，根据水热制砖工艺原理及处理工期要求，其技术工艺流程如图3.6所示。

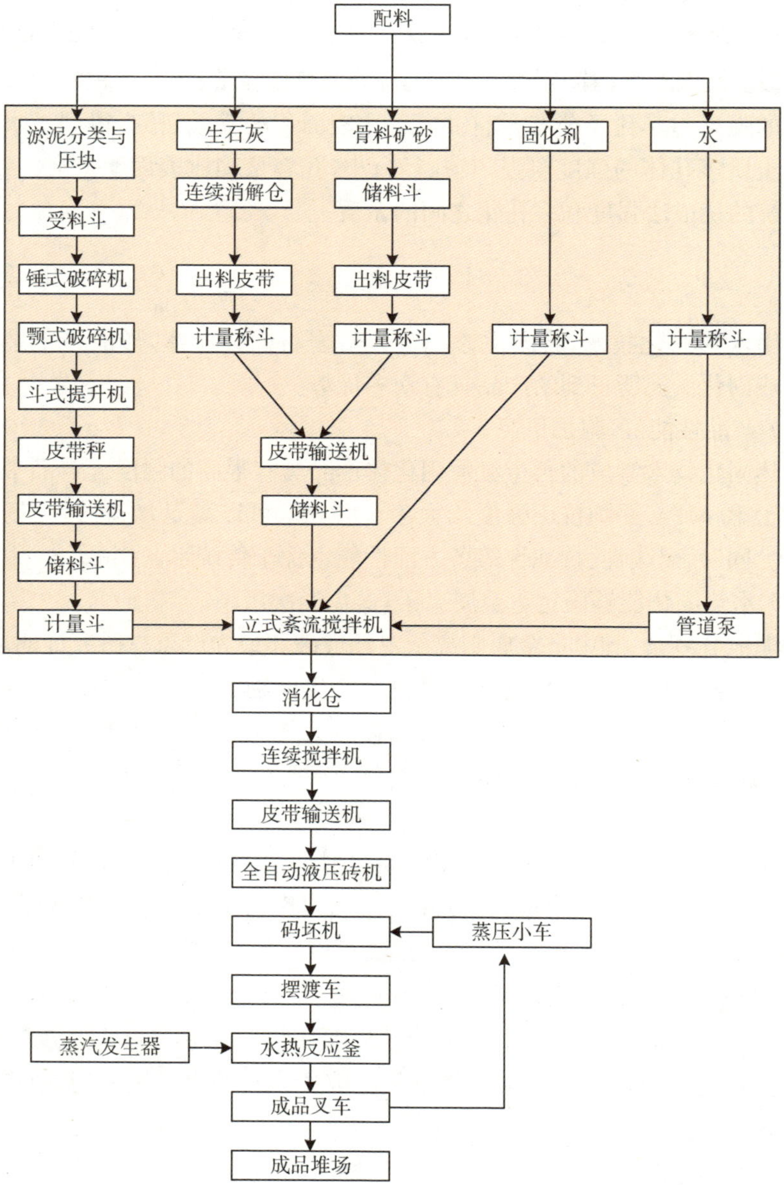

图3.6 水热制砖生产技术工艺流程图

水热制砖生产技术工艺流程形象效果见图 3.7。

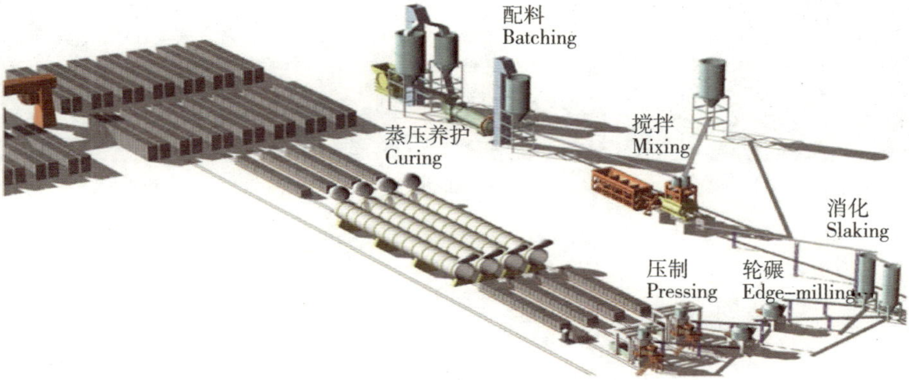

图 3.7　水热制砖生产技术工艺流程形象效果图

3.3.4　工艺流程说明

从原料堆场将淤泥运输至受料斗，经过锤式破碎机和颚式破碎机破碎后输送至水热固化生产车间储料斗中储存待用。储存在配料机储料斗内的原料，经各自皮带机送入计量秤斗计量后由皮带输送机送自搅拌机储料斗内待用。生石灰经消解后进入储料斗待用。开始生产时按搅拌机上的储料斗、生石灰计量秤、水计量秤的顺序依次将物料卸入搅拌机，搅拌后，混合料送入消化仓，消化时间为 2～3 h。消化好的混合料再通过连续搅拌机混拌，混拌后的混合料用皮带机送入成型机受料斗。

成型机受料斗将混合料喂入压机模具，经压制成为砌块，每次成型 32 块，成型周期 11～14 s，砖坯经压机传送皮带机送至码垛机，由码垛机将砖坯码放在蒸压小车上，每车码放 1 472 块。

码好砖坯的蒸压小车由摆渡车移至釜前编组轨道，摆渡车顶推机构将蒸压小车顶至蒸压釜前轨道，轨道上停放 26 辆蒸压小车后再由釜后移动式卷扬机拉入蒸压釜内进行水热固化反应。小车进去后关好釜门，开启真空泵约 0.5 h 以排除釜内空气，再送入饱和蒸汽进行养护。

养护制度：升压 1.5 h，恒压 6.0 h(恒压压力为 1.2～1.3 MPa，温度约 188 ℃)，降压约 1.5 h，整个养护周期包括进出釜时间共计 9 h。养护结束后由卷扬机将蒸压小车连同制品拉出至釜后轨道上，再通过成品叉车将蒸压小车上的砖码放到成品堆场上，蒸压小车返回码坯机重复使用。

工艺流程主要设备见图 3.8。

配料搅拌粉碎混合　　机械成型　　水热反应

图 3.8　工艺流程主要设备

3.3.5　主要设备简介

本方案核心为水热固化技术，使用核心设备为上海同臣环保股份有限公司自主设计改良的水热蒸压设备，即 TCSR 型水热蒸压釜。水热蒸压釜可高效地完成对加气混凝土砌块、管桩、灰砂砖、煤灰砖、微孔硅酸钙板、新型轻质墙体材料、保温石棉板、高强度石膏等建筑材料的蒸压养护，在釜内完成 $CaO-SiO_2-H_2O$ 的水热反应，达到获得设计强度的坚硬固化体的目的。

TCSR 型水热蒸压釜主体部分主要由釜体装置、釜盖装置、摆动装置、手摇减速器、安全装置、支座、保温层、密封装置、管道阀门仪表等组成。附属部分包括排水装置和电控箱。

(1) 釜体装置：主要由筒体和釜体法兰焊接而成。釜内底部铺设轨道，可行走或停放蒸压小车，该公司设计的蒸压小车为电控自动进入，无须人工操作，减少了安全隐患，降低了成本。釜体上布置各种管座和接管，以进排蒸汽、排放冷凝水和安装各种阀门仪表。

(2) 釜盖装置：主要由釜盖法兰、伞齿板、球冠封头焊接而成。釜盖法兰齿与釜体法兰齿啮合，起关闭蒸压釜的作用。

(3) 摆动装置：侧开门由主轴、悬臂梁、支承板、拉板、拉杆等组成，安装于釜盖顶部，通过拉杆与釜盖吊柄相连，起悬吊和回转釜盖装置的作用。上开门由配重箱、摆动臂、支撑板等组成，使釜盖上下摆动。

(4) 手摇减速器：固定于釜体法兰侧面，通过齿轮啮合齿板，带动釜盖绕中心轴旋转，使釜体和釜盖法兰的齿能啮合或脱开。

(5) 手动安全装置：手动连锁装置固定于釜体法兰侧面，由安全手柄、套筒、接杆及球阀等组成。

(6) 支座：用作支承釜体，由中间支座、活动支座和端部支座等组成。除中间支座固定外，其余支座借助滚柱，在热胀冷缩时沿轴向移动。

(7) 保温层：减少蒸压釜使用时热量散失(用户根据保温材料性质自定厚度，釜体保温由用户自理)。

(8) 密封装置:由橡胶密封圈、截止阀及进汽弯管等组成。橡胶密封圈镶嵌于釜体法兰密封槽中,运行时密封蒸汽进入密封槽,使密封圈紧贴釜盖端面,达到密封作用。

(9) 阀门仪表:包括压力表、安全阀、温度计或热电偶、球阀等,用于观察蒸压釜运行情况。

(10) 排水装置:由排水管道连接器、疏水器、排污阀等组成。冷凝水在连接器内沉凝后经疏水器排出,避免固体颗粒堵塞疏水器;排污阀可定期或不定期排放冷凝水及泥渣。

(11) 电气安全连锁装置:包括控制柜、压力控制器(或电接点压力表)、釜门锁紧装置及压力报警装置等,满足《固定容规》第 3.20 条要求,保证蒸压釜的安全使用。

3.3.6 主要产品介绍

(1) 非烧结淤泥路面砖

非烧结淤泥路面砖(见图 3.9)中河道淤泥的掺量可达 50%~70%,在高效消纳河湖底泥的同时还可以掺入 15%~30%的建筑垃圾作为骨料,固废综合掺比可达 70%以上。资源化产品能完全替代传统混凝土人行步道砖,可广泛应用于住宅、办公楼、商场、厂房、医院、学校等区域。单块砖质量约 2.5 kg,每吨约 400 块砖。

图 3.9 非烧结淤泥路面砖

表 3.4 非烧结淤泥路面砖质量检验指标

检验项目		单位	性能指标
尺寸偏差	长度	mm	±2.0
	宽度	mm	±2.0
	厚度	mm	±1.5

续表

检验项目		单位	性能指标
外观质量	平整度	mm	≤2.0
	铺装面粘皮或缺损的最大投影尺寸	mm	≤5.0
	铺装面缺棱或掉角的最大投影尺寸	mm	≤5.0
强度等级	抗压强度最小值	MPa	15
	抗压强度最大值	MPa	30
吸水性能	单块砖吸水率	—	≤20%
耐磨性	磨坑长度	mm	≤35
防滑性	BPN	—	≥60
放射性	镭-226、钍-232、钾-40	—	IRa≤1.0,Ir≤1.0
浸出毒性	铅(以总铅计)	mg/l	≤2.0
	镉(以总镉计)	mg/l	≤0.1
	汞(以总汞计)	mg/l	≤0.02
	砷(以总砷计)	mg/l	≤0.5
	硒(以总硒计)	mg/l	≤0.1
	镍(以总镍计)	mg/l	≤0.5
	铜(以总铜计)	mg/l	≤10.0
	锌(以总锌计)	mg/l	≤10.0
	铬(以总铬计)	mg/l	≤1.5

(2) 非烧结淤泥墙体砖

本产品以河道淤泥和建筑垃圾为主要原材料,综合掺比量可以达到80%以上,其中河道淤泥掺量在50%以上。原料充分混合搅拌后经压制成型、反应养护而成,强度和耐久性可完全满足墙体材料(见图3.10)的使用要求,成本较一般蒸压砖更经济实惠,可替代红砖广泛应用于墙体结构中。单块砖质量约2.9 kg,每吨约345块砖。

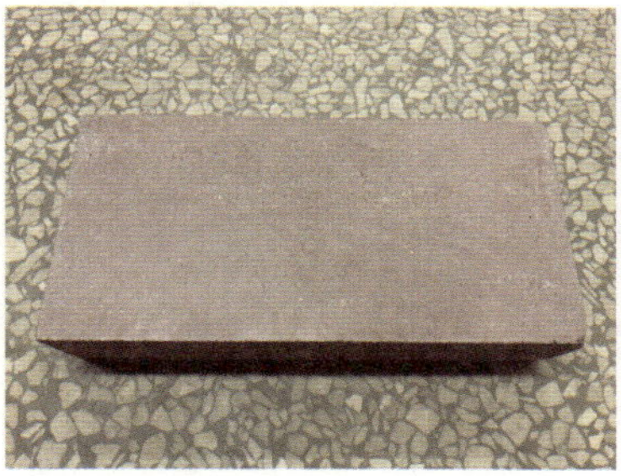

图 3.10 非烧结淤泥墙体砖

表 3.5 非烧结淤泥墙体砖质量检验指标

检验项目		单位	性能指标
尺寸偏差	长度	mm	±2.0
	宽度	mm	±2.0
	厚度	mm	±1.5
外观质量	弯曲	mm	≤2.0
	缺棱掉角个数	个	≤1
	层裂	—	无
强度等级	抗压强度最小值	MPa	15
	抗压强度最大值	MPa	25
吸水性能	单块砖吸水率	—	≤18%
软化性能	软化系数平均值 Kr	—	≥0.80
碳化性能	碳化后强度最小值	MPa	≥12.0
	碳化后强度最大值	MPa	≥22.0

3.4 制作生态固化石

3.4.1 技术简介

现阶段，在国家环境大保护政策的推动下，我国许多城市对内陆河流进行大规模的河道清理，河道清理过程中产生了大量的河底淤泥，如何综合利用清理过程中产生的淤泥，使得淤泥不产生二次污染，同时实现资源循环利用，是当前一项重要工作。

河道清淤过程中产生的淤泥含有一定成分的氧化钙、氧化硅、氧化铝，这类成分在特定强碱激发作用下会具有一定的活性，与水反应生成具有固结作用的水化产物；另外，在炼钢、炼铝、铝合金生产过程中会产生大量的具有碱性的工业废料，可利用这类工业废料与清淤过程中产生的淤泥在激发剂的作用下发生化学固化反应。通过特定的拌和、成型、强压设备，利用淤泥与工业废渣制成强度等级达到 M10、M15、M20 的建筑砖，这类建筑砖可应用于河道护坡（见图 3.11）、房屋建筑等工程中。

生产中的河道护坡砖　　护坡砖用于河道边坡防护

图 3.11　河道护坡砖

固化土技术[4]可以对淤泥土进行固化，形成新型建筑材料，新型建筑材料不仅可以用于水利工程，还可以应用于工民建与市政工程。技术成果的推广应用不仅可以消纳大量的淤泥与工业废弃物，也可以在一定程度上缓解土地压力。

3.4.2　技术优势

（1）吃渣量大

本产品可掺入弃土及各种工业废渣达 90%以上，不但治理废土、废渣污染，而且可以减少废土、废渣堆放占用耕地。

（2）弃土、弃渣利用面广

本工艺可利用弃土、弃渣很广，主要包括河道清淤淤泥，施工土方开挖弃土，电厂湿排灰、干排灰、混排灰、调湿灰，钢厂的钢渣、矿渣（水淬渣、风淬渣、重矿渣），有色金属冶炼厂的各种炼渣、硫酸渣、磷渣、碱渣，铝厂的红泥、电解铜渣，各种矿业废渣（剥离废石、低品位废矿石、矿尾砂），石材加工废渣（石渣、石粉、下脚料），各企业锅炉排出的炉渣，煤炭工业产生的煤矸石，造纸工业排出的污泥，以及尾矿砂、建筑垃圾、废陶瓷渣、沙子、石粉等，几乎多数工业废渣，本工艺均可利用消化，几乎涉及各个工业门类。

（3）产品成本低

本产品工艺设备选型先进、工艺合理，自动化程度高，外加剂掺量小，加之原料来源广泛，产品成本具有较大优势。

（4）产品质量高

本工艺制造固化石砌块外观光洁，棱角分明，整齐均质，抗压强度可达 10 MPa 以上，可确保使用寿命。

3.4.3 工艺流程

制作生态固化石的工艺流程见图 3.12。

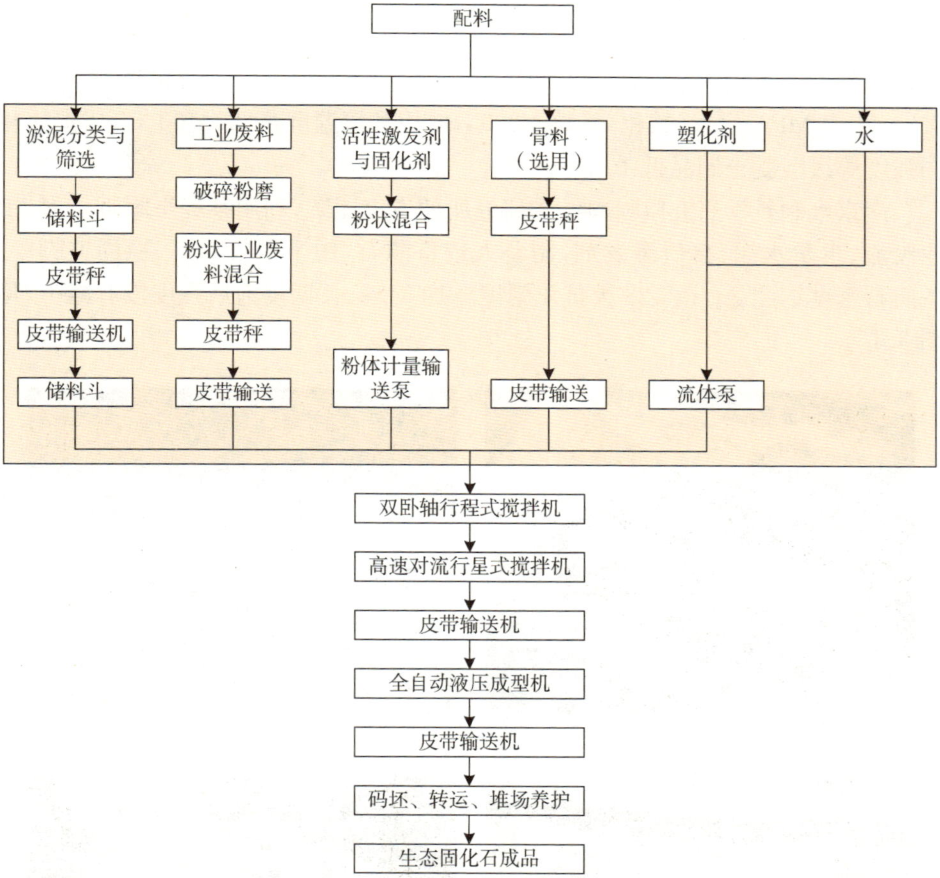

图 3.12 制作生态园化石工艺流程图

3.4.4 工艺流程说明

利用淤泥制作生态固化石的原材料主要包括：淤泥、工业废弃物、激发剂、固化剂、骨料（选用）、塑化剂、水。

对原状淤泥、工业废弃物进行筛选与分类，通过皮带秤输送至储料仓，称量精度控制在±2%；将激发剂、固化剂、骨料（选用）计量后通过输送装置运送至双卧轴搅拌机，称量精度控制在±1%；塑化剂与水通过流体泵运送至双卧轴搅拌机，称量精度控制在±0.5%。双卧轴搅拌机边搅拌边加料行程为4～5 m，初始搅拌结束后，混合物进入高速对流行星式搅拌机，搅拌60 s左右，出搅拌机，进入液压成型机，自动摊铺，根据模具形状，生产不同类型生态固化石。

压制成型后，通过叉车把成型的生态固化石堆砌在养护场地，潮湿养护7天，强度达标即可运送至工程现场施工。

3.4.5 主要产品和应用

制备护坡砖时淤泥和工业废渣占比（质量比）超50%，固化体强度可达8.0～20.0 MPa，耐水（软化）系数≥0.95，使用环境温度：−20～60 ℃，成本比相同强度等级混凝土制品低10%～40%。

南京水利科学研究院材料结构研究所的专家团队，利用某堤岸附近土料、工业废渣、少量水泥、自研激发剂，制备人造备防石，用于抛投封堵、稳固坡脚等。备防石密度约2.2 t/m^3，28天抗压强度>10 MPa，长期浸泡后强度没有减少，见图3.13。

备防石泡水前

备防石长期泡水后取出

图3.13 备防石长期泡水试验前后对比

土壤加固的方法通常有物理加固法、化学加固法和综合加固法。土壤固化技术是采用综合加固的方法，即兼用物理和化学加固方法。根据土壤固化技术的特性，在水利领域，土壤固化技术具有广泛的应用前景，其应用价值突出表现为：可以就地取材，利用最为广泛且经济易得的工程材料——土壤，在对其物理力学性能进行改善之后，使之成为符合要求的工程材料，特别是对于缺少砂石的地区，在防汛抢险中应用土壤固化技术意义更为重大。

土壤固化技术在水利工程中主要可以应用于以下几个方面。

(1) 护坡工程

传统的护坡方法主要有：干砌块石护坡、石笼护坡、混凝土预制板块护坡、现浇混凝土板护坡、混凝土模袋护坡。从上述几种护坡方法来看，造价均比采用土壤固化技术高，而且一旦局部破坏，均需外运材料进行修补；而采用土壤固化技术护坡，除采用水平机械碾压，还可采用斜坡碾压法、现浇法、喷浆法、模袋法、预制件法等，其不仅具有强度高、抗渗性能好等优点，更为关键的是其造价低，修补方便。在防汛抢险中，一旦局部被破坏，很容易修补，恢复原状。即使是对已经采用了诸如干砌石护坡等其他非土壤固化技术护坡的堤段，一旦发生局部破坏，也可采用土壤固化技术固化护坡，对破坏部位进行临时性修补。

(2) 防渗工程

防渗墙技术是一种较为可靠的垂直防渗技术。固化土可以作为堤坝防渗心墙、防渗斜墙的填筑材料，也是坝基防渗墙的主要材料。通过固化土成墙技术，使坝体或坝基的渗透系数达到防渗设计要求，从而消除堤防的渗透安全隐患。

(3) 砌块与大块抛投料

在汛期紧急抢险中，采用装固化土编织袋或麻袋作为抢险护脚抛投料，比采用大块石要适用，即使是在山区产块石地区，临时开采大块石并运至险情现场也不如临时用固化剂固化方便。将形成的固化土块装袋抛投于危险堤段护脚，与抢险中抛投大块石护脚的功能是一样的，它起到防冲刷和保护提脚的作用。

(4) 溃堤临时填堵

对于汛期江河决口险段修复，可采用固化剂固化土料，局部溃堤可在抛投料护脚后，对破坏部分采用固化土补修，就地取材，加快修补进度。

(5) 防汛紧急道路修建

在汛期，对于局部破坏的路面只要就地用土拌以固化剂，就地修补，能快速恢复路面原状，恢复灾区交通，这点比沥青路面和混凝土路面更方便、更快速、更经济。

(6) 制作护坡砖

利用土壤中含有的活性化学成分，在碱与其他物质激发作用下，碾压成型，可制成具有一定强度的护坡砖，且具有较好的耐久性。

3.5 制作工程填土

淤泥是一种很有利用价值的潜在资源。使用经过固化改良处理的淤泥可以满足工程填土的要求。从工程应用出发，在工程实施地点，将淤泥进行改良转化为填土材料，除可以减少淤泥外运弃置的费用外，还可以减少借土的费用，是淤泥进行资源化利用的理想条件。

南京水利科学研究院依托浙江桐乡某道路工程，对该工程路基范围内沟塘淤泥改良制作路基填料进行研究。

《公路路基施工技术规范》(JTG/T 3610—2019)路基填料宜选用级配好的砾类土、砂类土等粗粒土作为填料，淤泥不得直接用于填筑路基，确需使用时，应采取技术措施进行处理，经研究满足要求后方可使用。粉质土由于毛细作用明显，冻胀量大，其力学性能受含水率影响明显，因此不宜直接用于填筑二级及二级以上公路的路床，也不得直接用于冰冻地区的路床和路堤浸水部分。填料最关键的指标最小承载比 CBR 的要求见表 3.6。

表 3.6　路基填料最小承载比要求

<table>
<tr><th colspan="4" rowspan="3">填料应用部位(路面底面以下深度)(m)</th><th colspan="3">填料最小承载比(CBR)(%)</th></tr>
<tr><th>高速公路</th><th rowspan="2">二级
公路</th><th rowspan="2">三、四级
公路</th></tr>
<tr><th>一级公路</th></tr>
<tr><td rowspan="7">填方
路基</td><td colspan="2">上路床</td><td>0～0.30</td><td>8</td><td>6</td><td>5</td></tr>
<tr><td rowspan="2">下路床</td><td>轻、中及重交通</td><td>0.30～0.80</td><td rowspan="2">5</td><td rowspan="2">4</td><td rowspan="2">3</td></tr>
<tr><td>特重、极重交通</td><td>0.30～1.20</td></tr>
<tr><td rowspan="2">上路堤</td><td>轻、中及重交通</td><td>0.8～1.5</td><td rowspan="2">4</td><td rowspan="2">3</td><td rowspan="2">3</td></tr>
<tr><td>特重、极重交通</td><td>1.2～1.9</td></tr>
<tr><td rowspan="2">上路堤</td><td>轻、中及重交通</td><td>1.5 以下</td><td rowspan="2">3</td><td rowspan="2">2</td><td rowspan="2">2</td></tr>
<tr><td>特重、极重交通</td><td>1.9 以下</td></tr>
<tr><td rowspan="3">零填及
挖方
路基</td><td colspan="2">上路床</td><td>0～0.30</td><td>8</td><td>6</td><td>5</td></tr>
<tr><td rowspan="2">下路床</td><td>轻、中及重交通</td><td>0.30～0.80</td><td rowspan="2">5</td><td rowspan="2">4</td><td rowspan="2">3</td></tr>
<tr><td>特重、极重交通</td><td>0.30～1.20</td></tr>
</table>

注：1. 表列承载比是根据路基不同填筑部位压实标准的要求，按现行《公路土工试验规程》(JTG 3430—2020)试验方法规定浸水 96h 确定的 CBR。

2. 三、四级公路铺筑沥青混凝土和水泥混凝土路面时，应采用二级公路的规定。

针对在现场需要换填的典型沟塘取得的淤泥，进行含水率、液塑限、颗粒分析等物理指标检测，并进行击实试验和CBR试验。试验情况如下。

(1) 界限含水率试验

采用液限塑限联合测定法，试验方法按照《公路土工试验规程》(JTG 3430—2020)要求执行，试验结果见表3.7。

表3.7 界限含水率试验结果

序号	盒重(g)	盒+湿土(g)	盒+干土(g)	湿土(g)	干土(g)	含水率(%)	锥深(mm)	液塑限
1	16.06	50.98	44.31	34.92	28.25	23.6	3.3	液限 w_L=41.9 塑限 w_p=19.3
2	16.16	52.52	44.18	36.36	28.02	29.8	6.8	
3	15.44	55.96	44.58	40.52	29.14	39.1	14	

(2) 颗粒分析试验

采用Bettersize2600全自动激光粒度仪，按照《土工试验方法标准》(GB 50123—2019)开展了湿法颗粒分析试验，试验结果见表3.8。

表3.8 颗粒粒径分布试验结果

序号	砂粒(%)	粉粒(%)	黏粒(%)	对应曲线
	d>0.075 mm	0.075≥d≥0.005 mm	d<0.005 mm	
1	0.05	61.3	38.65	颗分检测曲线1(图3.14)
2	1.43	65.75	32.82	颗分检测曲线2(图3.15)

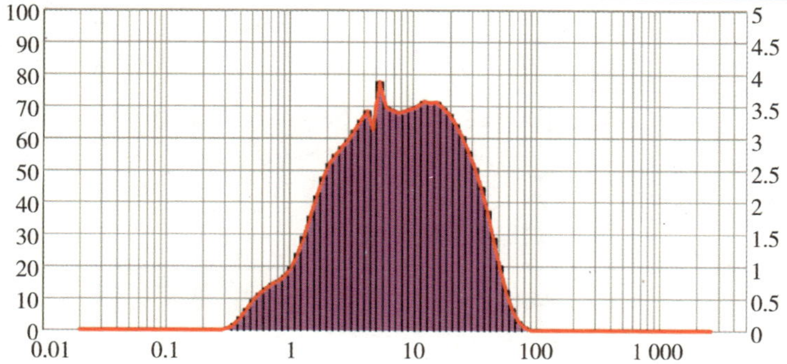

粒径点	含量(%)
0.200	0.00
0.500	0.80
1.000	4.88
2.000	14.83
5.000	38.65
10.00	58.92
20.00	79.64
45.00	97.30
75.00	99.95
100.0	100.00

图3.14 颗分检测曲线1

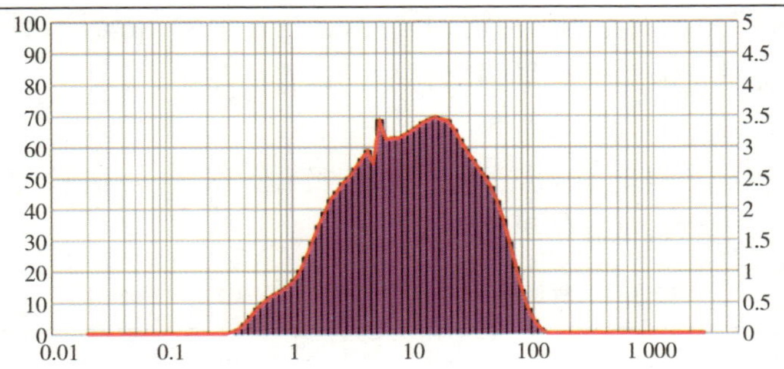

粒径点	含量(%)
0.500	0.67
1.000	4.30
2.000	12.59
5.000	32.82
10.00	51.34
20.00	71.43
45.00	91.20
75.00	98.57
100.0	99.80
200.0	100.0

图 3.15　颗分检测曲线 2

(3) 击实试验

按照《土工试验方法标准》(GB 50123—2019)采用电动击实仪开展了干化淤泥的击实试验，得到最大干密度和最优含水率，试验结果见图 3.16。

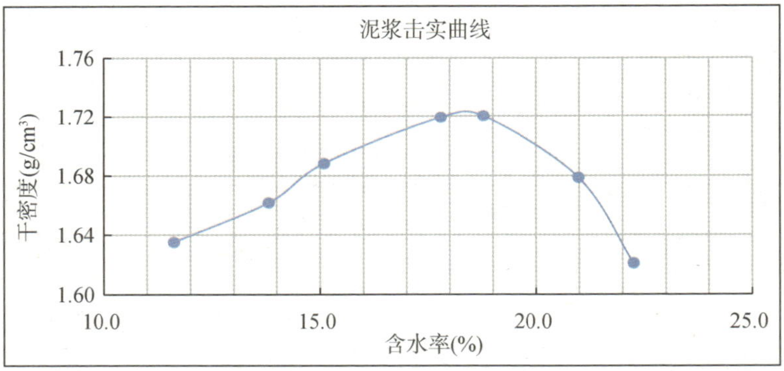

图 3.16　干化泥浆击实试验曲线

(4) 纯淤泥 CBR 试验结果

根据干化淤泥击实试验结果，按照《公路土工试验规程》(JTG 3430—2020)要求进行 CBR 试验，制 1 组 3 个试样，制样后浸水饱和 96 h，测膨胀量后测定 CBR 值，试验结果见表 3.9 和 3.10。

表 3.9　膨胀量和吸水量

试样编号	膨胀率(%)	膨胀率平均值(%)	吸水量(g)	吸水量平均值(g)
1#	1.94	2.18	97.7	96.2
2#	1.90		96.8	
3#	1.93		94.2	

表 3.10 CBR 试验结果

试样编号	CBR2.5(%)	CBR5.0(%)	CBR 值(%)	平均 CBR 值(%)
1#	0.93	1.06	1.06	1.02
2#	0.94	1.01	1.01	
3#	0.93	0.98	0.98	

试验附图见图 3.17 至图 3.19。

图 3.17 浸水后试样

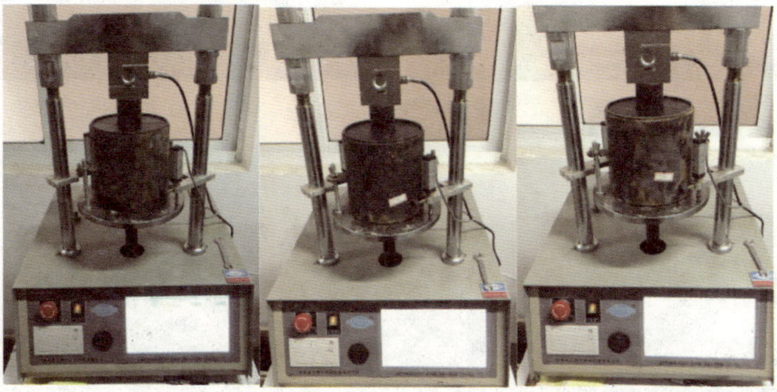

图 3.18 CBR 试验

图 3.19 CBR 试验后试样

(5) 干化淤泥掺固化剂 CBR 试验

在干化淤泥试验中，掺加不同比例和种类的固化剂进行 CBR 试验，确定合理的固化剂类型和掺加比例，试验过程见图 3.20，进而测定不同条件下土体

CBR 值，试验结果见表 3.11。

(a) 晒土

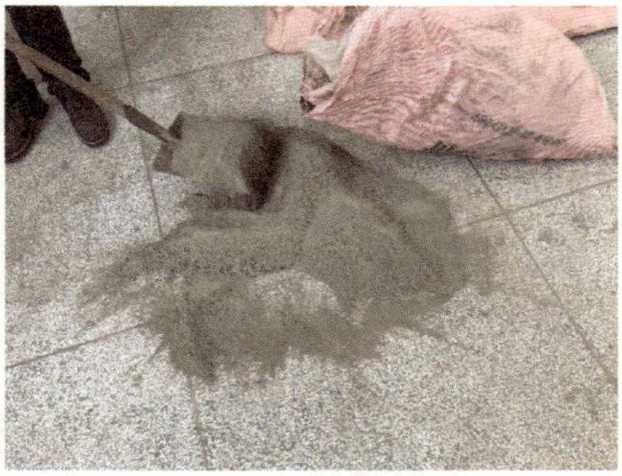

(b) 碾后土

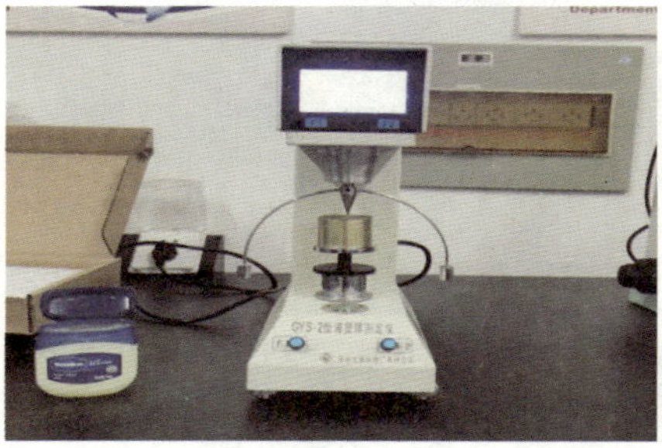

(c) 液塑限测定

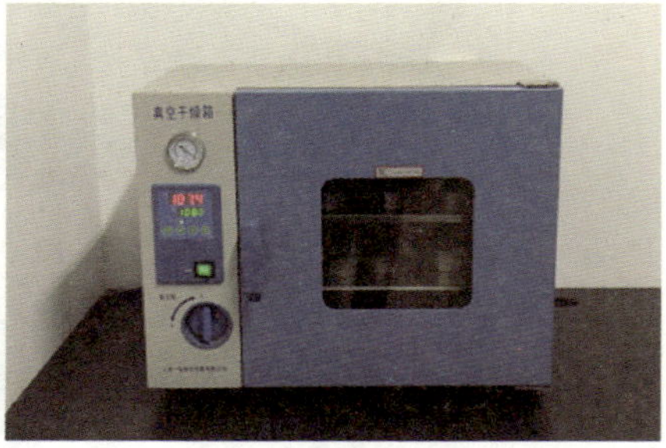

(d) 烘箱烘土

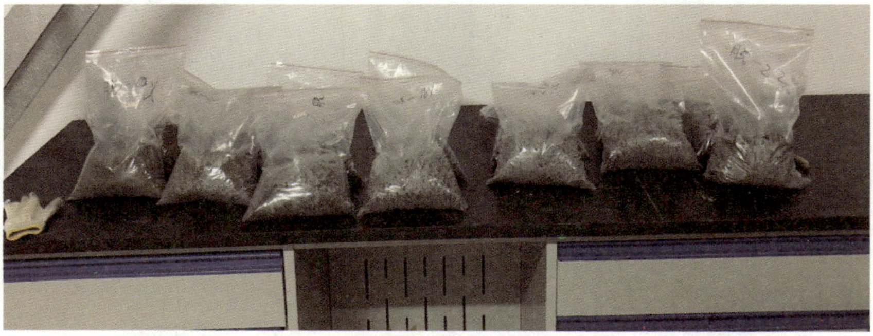

(e) 制备不同含水率试样

(f) 击实试验

(g) 击实后的土

(h) 浸水膨胀量测试

CBR 试验后试样

图 3.20　CBR 试验过程图

表 3.11　不同掺量下 CBR 试验结果(干化淤泥＋固化剂)

试验编号	固化剂掺量	CBR(%)	干密度	含水率
1	5.0%粉剂	8.2	最大干密度(重型)	最优含水率(重型)
2		8.3		
3		8.9		
4	3.0%粉剂＋1.0%(液态)	9.0		
5		9.0		
6		9.1		

(6) 结论

试验结果表明，沟塘淤泥颗粒组成以粉粒为主，干化后土样的 CBR 只有 1%左右，根据规范规定不得直接用于填筑路基，经掺加固化剂改良后，CBR 值可达 8%~9%，可以满足高级公路和一级公路的下路床以下部分的路基填筑，以及二级以下公路的路基填筑。

参考文献

[1] 黄英豪，董婵. 淤泥处理技术原理及分类综述[J]. 人民黄河，2014，36(7)：91-94.

[2] 南京瑞迪建设科技有限公司. 疏浚淤泥配制绿化种植土壤技术规范(Q/RD J001—2019)[S].

[3] 上海同臣环保有限公司. 苏州市河道疏浚淤泥综合处置工程方案设计[R]. 江苏，2021.

[4] 安徽瑞迪工程科技有限公司. 快速固化石生产建设项目可行性研究报告[R]. 安徽，2018.

第 4 章 苏州市城市中心区清淤贯通工程

4.1 工程背景

2013 年以来，通过水质提升行动（截污、清淤、活水、保洁等）、“自流活水”等重点工程的实施，苏州中心城区河道水体流动的问题得到改善，黑臭消除，城区水质总体由原来的Ⅴ类、劣Ⅴ类稳定提升至Ⅳ类，局部区域达到Ⅲ类水标准，基本实现了“古城区水质明显提高、水景观明显改善”的目标。城区河道现状从指标上分析水质较好，但水体透明度、色度等感官指标仍与百姓对“美丽苏州”的期望、与老苏州人对于 20 世纪 70 年代水巷的印象仍有相当大的差距。

对人水和谐发展的追求，百姓对水巷的追忆、对目前城区水环境更高层次的需求，都促使苏州水质提升必须进入一个由“水好”向“水清”迈进的新阶段。2016 年 9 月苏州市水利局、江苏省太湖水利规划设计研究院有限公司、上海市政工程设计研究总院（集团）有限公司、南京水利科学研究院、苏州市苏水市政设计有限公司编制完成了《苏州城市中心区“清水工程”总体方案》（以下简称《总体方案》），2017 年元月对原方案进行了修改。《总体方案》规划范围为苏州城区大包围范围及工业园区湖西地区，总面积约 100 km^2。工程方案围绕城区“水更清”的目标要求，本着系统治理、多措并举原则，在现有“自流活水”水质改善的基础上，开展“五大”任务建设：控源截污、生态净水、活水扩面、清淤贯通、长效管理。

基于以上背景，苏州市水务局委托苏州市水利设计研究院有限公司进行清水工程中清淤贯通部分项目建议书的编制工作，该单位于 2016 年 12 月完成了《苏州市城市中心区清水工程——清淤贯通方案项目建议书》，于 2017 年 3 月编制完成《苏州市城市中心区清水工程——清淤贯通工程可行性研究报告》（以下简称《可研报告》）。根据《可研报告》，苏州市城市中心区清水工程——清淤贯通工程建设内容为：① 清水通道清淤，包括西塘河、外塘河、外塘河支浜共 3 条（含外塘河缺失段及破损段新建护岸）；② 主要过水河道和重要河道清淤，包括桃坞河、中市河、平门河、山塘河、盘门内城河、硕房庄河等 45 条河道，共分两年实施。其中 2017 年清淤贯通工程目前正在实施，其建设内容为：① 清水通道清淤，包括外塘河、外塘河支浜共 2 条（含外塘河缺失段及破损段新建护岸);② 主要过水河道和重要河道清淤,包括凤凰泾、白莲浜、彩香浜、山塘河、硕房庄河等 19 条河道。另外,根据苏州市人民政府专题会议纪要(〔2017〕97 号)精神,先行实施平江历史片区 2.48 km^2 范围内的生态净水工程,为配合工程的推进,将 2018 年清淤贯通工程中的平江历史片区的河道作为 2018 年实施项目的一期工程先行启动,涉及的河道共 6 条,分别为桃坞河东段(含支河)、临顿河、平江河(含支河)、悬桥河、新桥河、藕园东侧河(含支河)。2018 年清淤贯通工程的建设内容为《可研报告》批复中扣除 2017 年清淤贯通工程实施的内容及平江历史片区已经发改委批复的内容后余下的建设内容。经过梳理,2018 年清淤贯通工程建设内容为:① 清水通道清淤,包括西塘河 1 条河道;② 主要过水河道和重要河道清淤,包括桃坞河西段(注明:与平江历史片区中桃坞河东段为同一条河道,平江历史片区实施的是东段河道,2018 年度实施西段河道)、中市河、平门河、盘门内城河等 21 条河道;③ 两处贯通工程,其中轮船公司人行桥处束水段结合本次清淤进行拓宽,另一处淮阳河北端束水位置,河道上空为历史悠久的庙宇,两侧房屋密集,暂不具备拓宽条件,待有条件时实施。

4.1.1 项目建设的必要性

(1) 是清水工程整体效果的重要保障

自水质提升行动以来,苏州城区的河道水质已经有了显著的改善,大部分河道都能展现“小桥流水、人家枕河”的江南水乡风韵。但是部分河道淤积,有“河泛”现象发生,河道整体感官效果较差。因此需要对清水通道、过水主要河道进行清淤,清除河道底部的淤泥及其他污染物,避免“河泛”现象发生,提升河道水体感官效果,以进一步提升清水行动整体改善效果。

(2) 是全面保障和改善河道水环境的重要举措

通过近两年城区活水工程的实施,基本实现“古城区水质明显提高、水景观明显改善”的预期目标,古城区河道现状水质从污染指标来看已明显好于周边地区;经多年运行,大部分河道又有较多污泥沉积。通过对河道清淤,能有效去除底泥中所含的污染物,减少底泥污染向水体释放,增加水环境容量,提高水体自净能力,改善水质。因此,河道清淤是全面保障和改善水环境的重要举措。

(3) 是改善输水条件、保障输水水质的重要途径

西塘河、外塘河和外塘河支浜作为苏州市中心城区清水工程中的引清通道,担负着将清水从水源地向城区河道输送的任务。现状西塘河、外塘河淤积比较严重,河道底泥较厚,在输水过程中将会再悬浮,从而影响输水水质。同时外塘河两岸驳岸破损严重或缺失,在作为输水通道时,河道流速较快,容易造成河岸

的冲刷,影响清水效果。桃坞河(东、西北街河)、中市河、府前河、十全河、大龙港、山塘河、清洁河、上塘河等均是清水主要的过水河道和重要河道,娄江是园区清水的主要通道,均有所淤积。因此,对输水通道进行清淤是改善输水条件、保障输水水质的重要途径。

4.1.2 设计依据

4.1.2.1 相关规划及文件

(1)《苏州古城区河网"自流活水"方案研究》;

(2)《苏州城市中心区"清水工程"总体方案》;

(3)《苏州市城市中心区清水工程——清淤贯通工程项目建议书》及发改委批复;

(4)《苏州市城市中心区清水工程——清淤贯通工程可行性研究报告》及发改委批复。

4.1.2.2 相关标准及规范

(1)《水利水电工程初步设计报告编制规程》(SL 619—2013);

(2)《防洪标准》(GB 50201—2014);

(3)《水利水电工程等级划分及洪水标准》(SL 252—2017);

(4)《城市防洪工程设计规范》(GB/T 50805—2012);

(5)《中国地震动参数区划图》(GB 18306—2015);

(6)《苏州市中心城区河道管理技术规定》;

(7)《堤防工程设计规范》(GB 50286—2013);

(8)《水工挡土墙设计规范》(SL 379—2007);

(9)《水工建筑物抗震设计规范》(SL 203—97);

(10)《水工混凝土结构设计规范》(SL 191—2008);

(11)《水利水电工程环境保护设计规范》(SL 492—2011);

(12)《水利水电工程施工组织设计规范》(SL 303—2004);

(13)《水利建设项目经济评价》(SL 72—2013);

(14)《水电水利工程围堰设计导则》(SL 645—2013);

(15)《建筑地基基础设计规范》(GB 50007—2011);

(16)《堤防工程管理设计规范》(SL 171—2013);

(17)《疏浚与吹填工程设计规范》(SL 17—2014);

(18)其他有关规范、规程。

4.1.2.3 设计水文条件

1. 设计水位

河道护岸工程按主城内河最高控制水位 3.80 m，河道平时控制水位 3.00～3.30 m，河道最低运行水位维持在 2.80 m 进行设计。

2. 水位组合

挡墙稳定计算水位组合见表 4.1、边坡稳定计算水位组合见表 4.2。

表 4.1 挡墙稳定计算水位组合表

工况	水位(m)	
	墙前	墙后
完建期	无水	无水
设计工况	2.80	3.30
强降雨期	3.80	4.30
地震工况	3.00	3.50

表 4.2 边坡稳定计算水位组合表

工况	河道水位(m)	堤后水位(m)
施工期	干水	3.00
设计低水位	2.80	3.30
地震	3.00	3.20

4.1.2.4 工程地形及地质条件

1. 工程地形条件

苏州市地处长江三角洲东南缘、太湖水网平原中部，根据区域地质资料，本地区第四纪以来地壳运动以沉降为主，广泛接受堆积，形成广阔的平原地貌，第四系地层分布广，厚度大。

2. 工程地质条件

本次建设场地属长江三角洲冲湖积平原，沉积着巨厚的第四系地层，第四系下伏基岩的构造断裂均为隐伏状，据区域地质资料，无全新世活动断裂。场地位于苏州市中部，根据区域地质构造与历史地震记载，本地历史上无大的破坏性地震发生，属于地震活动少、震级低的地区；场地可进行本工程建设。建设河道驳岸建议采用浅基础，②层黏土为可塑—硬塑状，是良好的浅基础持力层，③层粉土为稍密状，也可以作为驳岸浅基础的持力层，但该层具有一定的透水，如果开挖到距离③层较近或者以③层为持力层，须做好降排水措施。基坑开挖后，须进行验槽，如果遇到土层变化，根据现场情况采取处理措施。

4.1.3 工程任务与规模

4.1.3.1 工程任务

2017年度工程任务主要是清除清水通道、过水主要河道和重要河道的淤积底泥，减少污染底泥在活水过程中再悬浮对水质和感观造成的影响；外塘河护岸缺失段及破损段新建护岸。

2018年度工程任务主要是清除清水通道、过水主要河道和重要河道的淤积底泥，减少污染底泥在活水过程中再悬浮对水质和感观造成的影响；1处贯通工程即轮船公司桥处束水段拓宽。苏州市清淤工程的实施将助力苏州中心城区清水工程“水更清”总目标的实现。

4.1.3.2 工程规模

2017年清淤贯通工程中的河道位于古城外，外城河、西塘河以西，里双河以北、312国道以南、京杭运河以东区域，这些河道外加清水通道外塘河、外塘河支浜，共21条河道，河道总长34.697 4 km。

外塘河及外塘河支浜2条河道为城区的清水通道，其中外塘河清淤范围为外塘河枢纽至外城河，长2.126 3 km，外塘河支浜清淤范围为外塘河至娄江，长0.7 km，外塘河护岸缺失段及破损段新建护岸长1 013.9 m。其他19条过水主要河道和重要河道位于城西，包括凤凰泾、白莲浜、彩香浜、桐泾河、黄石桥河、胡家浜、淮阳河、夏驾浜、三香河、山塘河、虎丘环山河（含支浜）、鸭脚浜、袁梗浜、硕房庄河、五泾浜、方家浜、冶坊浜、清洁河、上塘河（含支浜）。

2018年河道清淤包括西塘河、桃坞河（西段）等共22条河道，均不设标准断面，只将河底淤泥、杂草、杂树、沉船、大块建筑垃圾、生活垃圾全部清除，同时对施工过程中的危险处进行老挡墙加固、老挡墙维修及底脚防护，重建坍塌破损老挡墙，维修房屋破损处。清淤土方合计32.49万 m^3，估列杂草、杂树、沉船、大块建筑垃圾、生活垃圾的清理1.1万 m^3，贯通工程1处，即轮船公司桥拓宽。

4.1.4 工程等级和设计标准

4.1.4.1 外塘河护岸及清淤工程等别、标准

外塘河属城市防洪工程大包围的内部排涝河道，其排涝设计标准为 20 年一遇，一日降雨一日排出，相应的防洪工程主要建筑物为 3 级，河道护岸工程确定为 3 级建筑物。

清淤河道属于现状老河道，老河道均位于城区防洪大包围范围内，根据《苏州市城市中心区防洪工程可行性研究报告》，大包围范围内河道主要建筑物为 3 级，河道护岸工程确定为 3 级建筑物，本次河道只清淤，维持现状标准。

4.1.4.2 外塘河设计水位及护岸高程

根据《苏州市城市中心区防洪工程可行性研究报告》，河道护岸工程按内河最高控制水位 3.80 m，河道平时控制水位 3.00～3.30 m，河道最低运行水位维持在 2.80 m 进行设计。河道新建护岸顶高程考虑最高控制水位 3.80 m 加波浪爬高、风壅增水高度及安全加高值，为 4.30 m，另考虑到本工程含破损驳岸及缺失段新建，驳岸需与两侧的老护岸相衔接，故护岸挡墙顶高程取与老护岸挡墙顶高程一致，为 4.50 m，木桩护岸及超强连锁块护坡后坡顶高程为 4.50 m。

4.2 2017 年清淤贯通工程

4.2.1 工程总体布置

2017 年清淤贯通工程中的河道位于古城外，外城河、西塘河以西，里双河以北、312 国道以南、京杭运河以东区域，这些河道外加清水通道外塘河、外塘河支浜，共 21 条河道，总长 34.697 4 km。

外塘河及外塘河支浜 2 条河道为城区的清水通道，其中外塘河清淤范围为外塘河枢纽至外城河，长 2.126 3 km，外塘河支浜清淤范围为外塘河至娄江，长 0.7 km，外塘河护岸缺失段及破损段新建护岸长 1 013.9 m，外塘河远期建设岸边绿带，新建步道、景观、小品等，打造城市景观滨水长廊。其他 19 条过水主要河道和重要河道位于城西，包括凤凰泾、白莲浜、彩香浜、桐泾河、黄石桥河、胡家浜、淮阳河、夏驾浜、三香河、山塘河、虎丘环山河（含支浜）、鸭脚浜、袁梗浜、硕房庄河、五泾浜、方家浜、冶坊浜、清洁河、上塘河（含支浜）。河道位置及现状见图 4.1—图 4.5。

图 4.1　2017 年清淤河道位置示意图

图 4.2　外塘河现状图一

图 4.3　外塘河现状图二

图 4.4　外塘河现状图三

图 4.5　外塘河现状图四

4.2.2　工程设计

4.2.2.1　河道清淤

（1）清淤标准

2017 年度河道清淤包括外塘河（含护岸整治）、外塘河支浜、凤凰泾、白莲浜、彩香浜、桐泾河、黄石桥河、胡家浜、淮阳河、夏驾浜、三香河、山塘河、虎丘环山河（含支浜）、鸭脚浜、袁梗浜、硕房庄河、五泾浜、方家浜、冶坊浜、清洁河、上塘河（含支浜）21 条河道。

外塘河清淤标准：312 国道至外塘河枢纽段采用标准断面进行疏浚，疏浚后河底高程为 0.00 m（高程采用吴淞高程，下同）；疏浚后河底宽度：以现有河口线不动为原则，按上述标准设计的河底高程和边坡进行疏浚，相应确定各河道（段）的河底宽度。由于大多数河道的各段河面宽度不一，疏浚后的河底宽度也有所不同。

其他河段清淤标准：外塘河 312 国道以南至外城河段、外塘河支浜、凤凰泾、白莲浜、彩香浜、桐泾河、黄石桥河、胡家浜、淮阳河、夏驾浜、三香河等其他河道均不设标准断面，只是对河底淤泥进行清除。

外塘河清淤断面如图 4.6—图 4.10 所示。

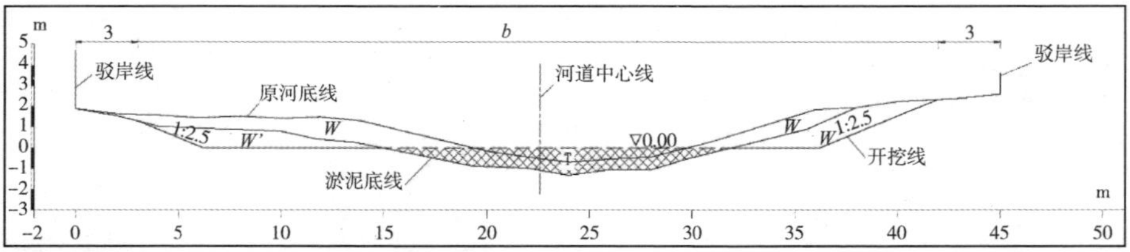

图 4.6　河道清淤一般标准断面图一[外塘河老护岸段(312 国道—外塘河枢纽段)]

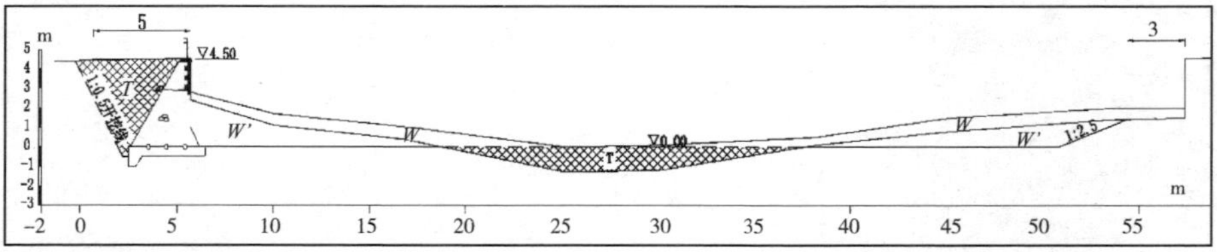

图 4.7　河道清淤一般标准断面图二[外塘河新建护岸段(312 国道—外塘河枢纽段)]

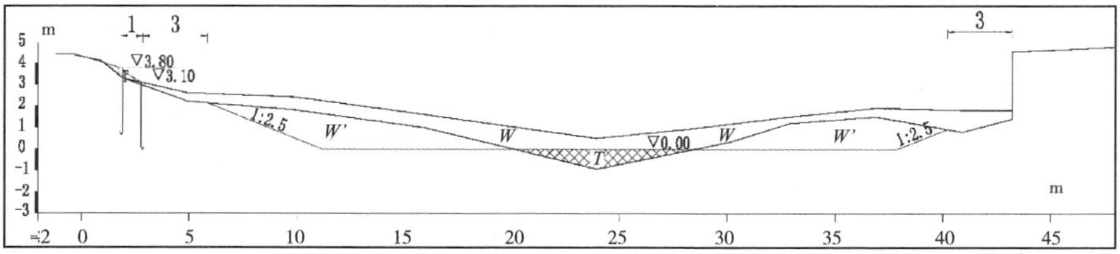

图 4.8　河道清淤一般标准断面图三[外塘河新建护岸段(312 国道—外塘河枢纽段)]

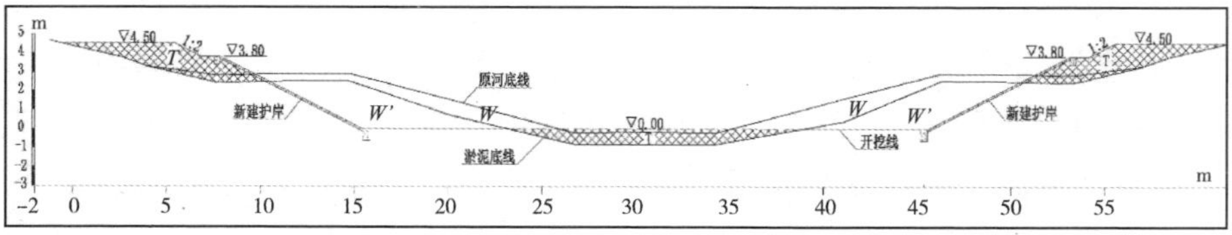

图 4.9　河道清淤一般标准断面图四[外塘河新建护岸段(312 国道—外塘河枢纽段)]

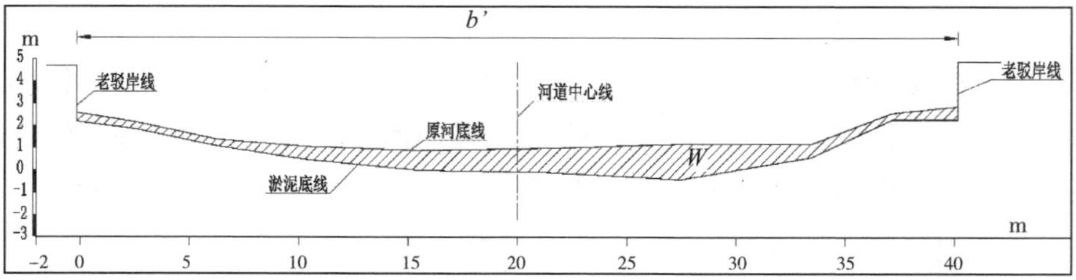

图 4.10　河道清淤一般标准断面图五[外塘河(312 国道—外城河段、支河一、二、三)]

其他河道清淤断面如图 4.11—图 4.14 所示。

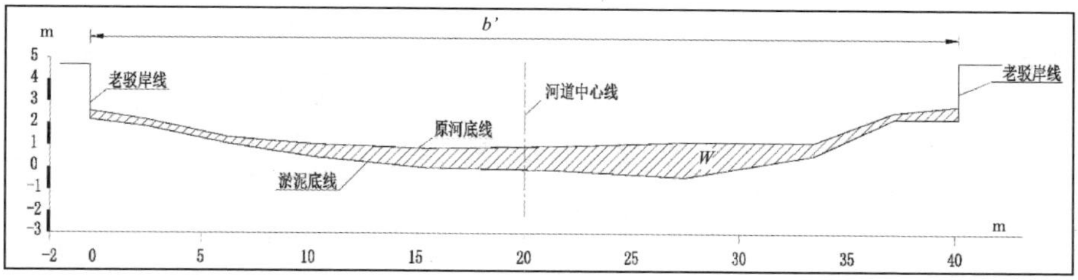

图 4.11　河道清淤一般标准断面图一(外塘河支浜)

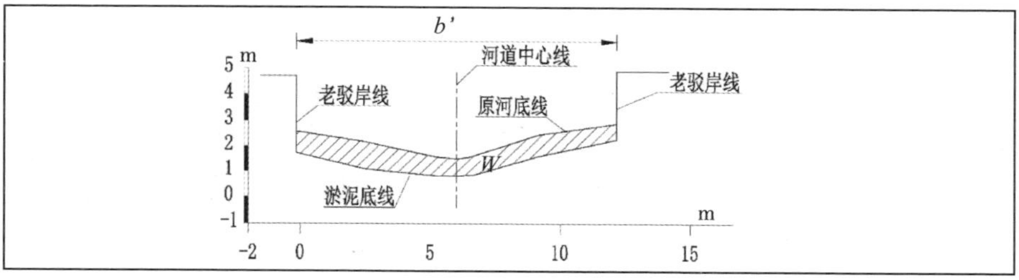

图 4.12　河道清淤一般标准断面图二(外塘河、外塘河支浜以外的其他河道)

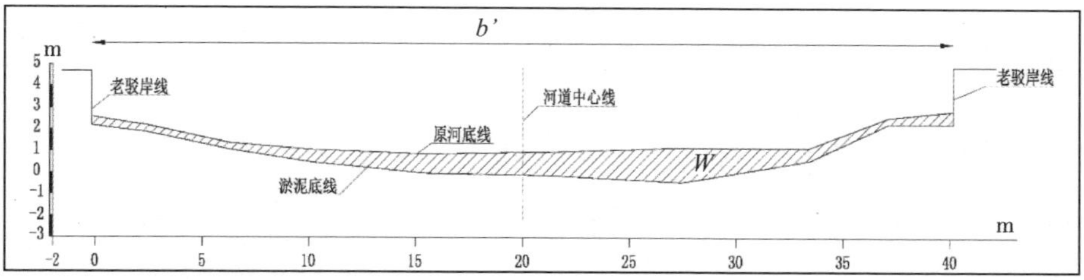

图 4.13　河道清淤一般标准断面图三(上塘河及支浜)

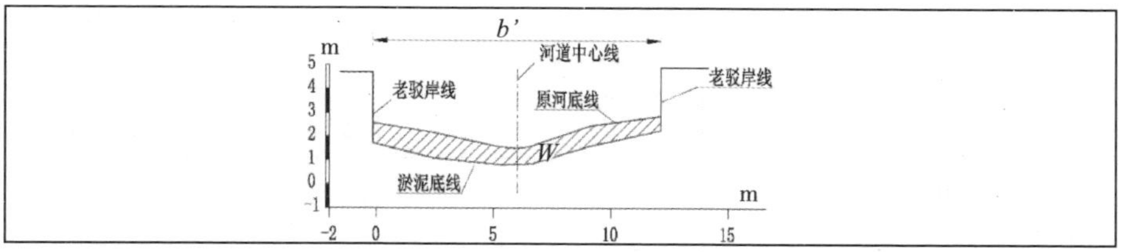

图 4.14　河道清淤一般标准断面图四(上塘河及支浜以外的其他河道)

(2) 清淤工程量

本片清淤河道计 21 条,总长为 34.70 km,清淤土方量总计 47.94 万 m^3。土方开挖 3.86 万 m^3,土方回填 1.95 万 m^3。清淤工程量汇总见表 4.3。

表 4.3　清淤工程量汇总表

序号	河道名称	清淤段河道长度(m)	清淤量(m^3)	土方开挖及回填量(m^3)	围堰(m)	排水(m^3)
1	外塘河	2 126.3	78 776	开挖 38 557 回填 19 526	主围堰:130 子堰:3 条 支河口围堰:15	620 000
2	外塘河支浜	700	18 284	—	主围堰:105 子堰:1 条	196 000
3	凤凰泾	2 105	26 089	—	主围堰:70 子堰:6 条 支河口围堰:90	417 000
4	白莲浜	2 121	29 344	—	主围堰:95 子堰:6 条 支河口围堰:45	478 000
5	彩香浜	1 899	11 945	—	主围堰:58 子堰:5 条	308 000
6	桐泾河	2 073	19 293	—	主围堰:41 子堰:6 条 支河口围堰:8	299 000
7	黄石桥河	1 259	11 925	—	主围堰:80 子堰:3 条	227 000
8	胡家浜	1 504	7 616	—	主围堰:30 子堰:4 条	84 000
9	淮阳河	1 031	4 799	—	主围堰:38 子堰:4 条	62 000
10	夏驾浜	1 470	20 296	—	主围堰:110	142 000
11	三香河	563	7 387	—	主围堰:60 子堰:2 条	90 000
12	山塘河	3 313	35 258	—	主围堰:80 子堰:53 条 支河口围堰:75	297 000
13	虎丘环山河(含支浜)	2 506.4	25 824	—	—	—
14	鸭脚浜	1 477.2	10 093	—	主围堰:86 子堰:3 条	160 000
15	袁梗浜	770	5 333	—	主围堰:28 子堰:2 条	52 000

续表

序号	河道名称	清淤段河道长度(m)	清淤量(m^3)	土方开挖及回填量(m^3)	围堰(m)	排水(m^3)
16	硕房庄河	1 413	7 775	—	主围堰:75 子堰:4 条	163 000
17	五泾浜	1 199	9 143	—	主围堰:40 子堰:3 条	49 000
18	方家浜	1 045	4 785	—	主围堰:35 子堰:2 条	95 000
19	冶坊浜	1 183.5	6 268	—	主围堰:39 子堰:3 条	93 000
20	清洁河	802	9 706	—	—	—
21	上塘河(含支浜)	4 137	129 460	—	主围堰:185 子堰:8 条 支河口围堰:55	1 159 000
合计		34 697.4	479 399	开挖 38 557 回填 19 526	主围堰:1 425 子堰:118 条 支河口围堰:288	5 412 000

备注:

① 估列杂草、杂树、沉船、大块建筑垃圾、生活垃圾的清理,总计:18 600 m^3。

② 干水冲淤后河道进行河坡(底)的整平,整理河道长度 16 851.3 m,本次整理主要是对河坡(底)坑坑洼洼的地方适当进行整平,河道为黏土的地方不整,有建筑垃圾的地方适当进行整平。

③ 另估列老驳岸支护维护、维修 1 项。

④ 以上估列三项均以实计。

⑤ 本次淤泥方量按各断面实测淤泥深度累积计算得出,各断面测量成果仅代表该断面位置处的淤泥深度。

⑥ 根据类似工程经验,固化后土方河道淤泥水下方与干泥比约为 2∶1,固化土方含固率不低于 60%。

4.2.2.2 护岸工程

(1) 外塘河护岸

外塘河护岸包括缺失段和破损段新建护岸,位于外塘河枢纽南侧河道两岸,考虑到建设护岸局部段离房屋、厂房、高铁高架较近,本次针对不同位置采用 3 种护岸形式,共新建护岸 1 013.9 m。

护岸形式一:支河二南北两侧外塘河护岸破损严重及局部缺失、支河三南北两侧外塘河护岸破损严重及局部缺失、外塘河枢纽南侧西岸护岸破损严重及局部缺失,周边为已拆迁地块,本次对这几处护岸进行补缺和破损处重建,形式同现状的老护岸,采用重力灌砌块石挡墙;新建护岸 738.1 m,护岸顶高程 4.5 m。护岸形式一见图 4.15。

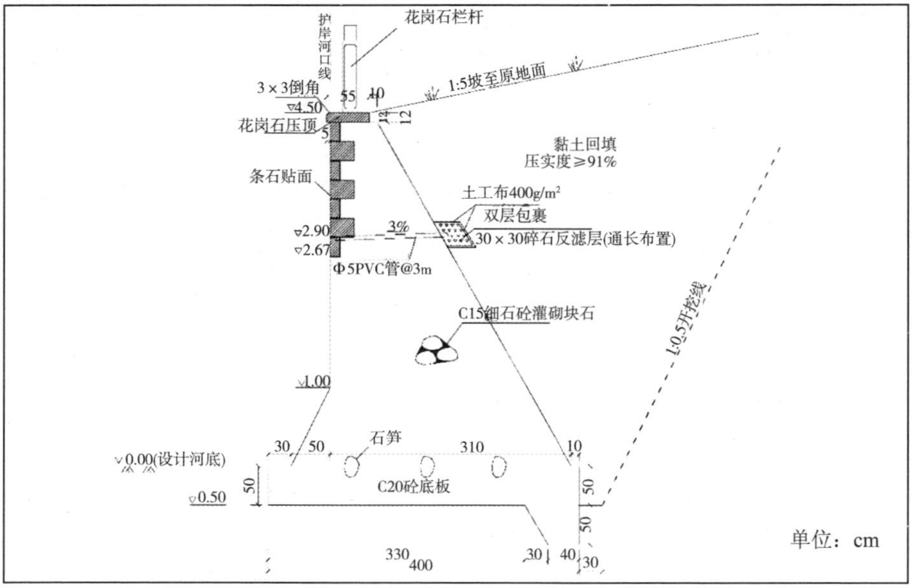

图 4.15　护岸形式一

护岸形式二：铁路南西岸厂房处及支河一村庄房屋处，不宜大开挖，采用木桩防护，两岸新建护岸共 230.3 m，前排木桩顶高程 3.1 m，后排木桩顶高程 3.8 m。护岸形式二见图 4.16。

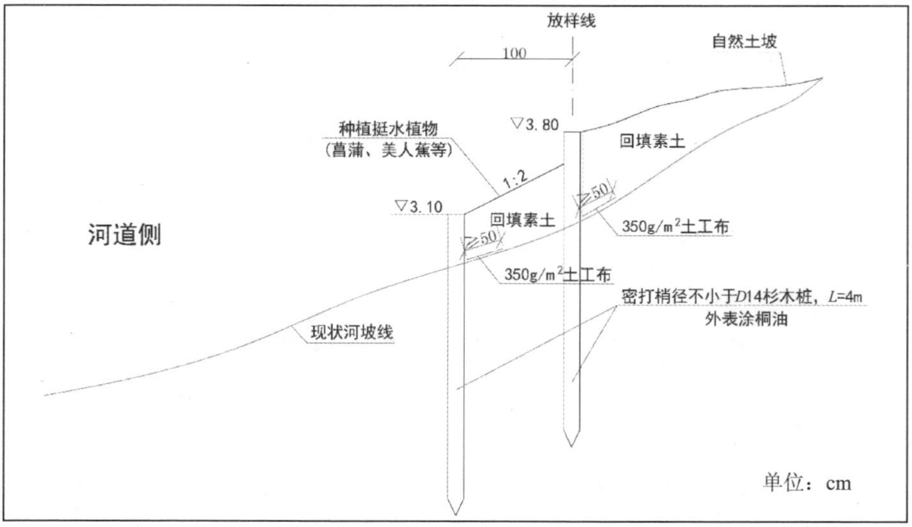

图 4.16　护岸形式二

护岸形式三：312 国道北东西两岸有国防光缆穿越外塘河，不宜大开挖，采用超强连锁护坡砖进行防护，两岸新建护岸共 45.5 m，护坡砖顶高程为 3.8 m。护岸形式三见图 4.17。

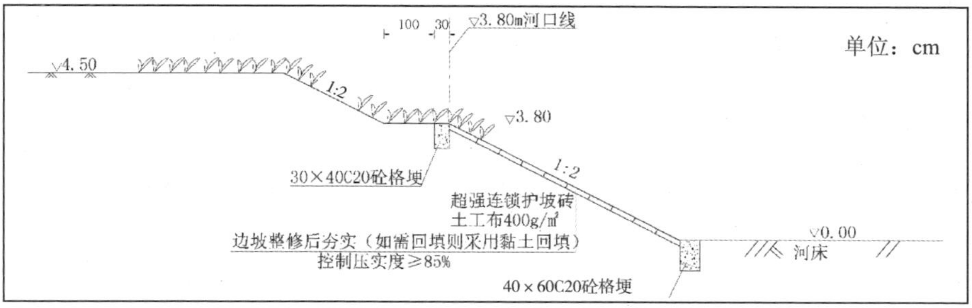

图 4.17　护岸形式三

（2）挡墙稳定计算

对外塘河新建护岸挡墙结构进行稳定、地基应力核算，各工况水位组合和核算结果见表 4.4。边坡稳定计算结果见表 4.5。

表 4.4　挡墙稳定计算结果表

计算情况	水位(m)		基底应力(kPa)		地基允许承载力(kPa)	η	Kc
	墙前	墙后	σ_{max}	σ_{min}			
完建期	无水	无水	102.95	74.61	120(180)	1.38	2.02
设计工况	2.80	3.30	81.72	67.54		1.21	2.39
强降雨期	3.80	4.30	87.86	55.26		1.59	1.33
地震工况	3.00	3.50	82.07	63.62		1.29	2.18

计算结果表明，挡墙应力不均匀系数、抗滑稳定系数、抗倾稳定安全系数均满足要求，地基允许承载力为 120 kPa(180 kPa)，地基应力满足要求。

表 4.5　边坡稳定计算结果表

河道	孔号	工况	水位组合		最小安全系数 K_{min}	$[k_{min}]$
			堤前(m)	堤后(m)		
外塘河护岸	J0+100 (J4 孔)	施工期	干水	3.00	1.23	1.10
		设计低水位	2.80	3.30	1.38	1.20
		地震	3.00	3.20	1.29	1.10

稳定计算结果表明，在不同水位组合下，边坡抗滑稳定安全系数均满足规范要求。

4.2.2.3 插板门槽

(1) 本次设计的插板门槽在清淤的同时施工，以便于以后该河道干河清淤时直接插板干水施工(插板及防渗等措施由施工单位在河道清淤时自行考虑)，不需设置围堰。但在以后干河使用门槽时，无水侧为桥台侧。

(2) 该门槽设置在河宽小于 10 m 的有老桥位置，依老桥桥台而建，本次Ⅰ标段估列 30 处，Ⅱ标段估列 40 处，具体位置现场确定。插板门槽底板下地基承载力要求不小于 100 kPa。

4.3 2018 年清淤贯通工程

4.3.1 工程总体布置

4.3.1.1 河道清淤

2018 年度清淤贯通工程涉及的河道位于古城区、城南、城东区域，外加清水通道西塘河，共 22 条河道，河道总长 30.17 km。

西塘河为城区的清水通道，范围为沪宁高速至外城河，长 4.26 km。其他 21 条过水主要河道和重要河道位于古城区、城南、城东，包括桃坞河(西段)、中市河、仓桥浜、平门河、娄江及娄江支浜、三星河、相门塘、新开河、学士河、府前河、十全河、官太尉河、南园河、二郎巷河、葑门内城河、竹辉河、薛家河、苗家浜、盘门内城河、西塘河(朱公桥河)、大龙港。河道淤积情况见表 4.6，河道位置及现状见图 4.18—图 4.28。

表 4.6 2018 年清淤贯通工程清淤情况统计表

序号	河道名称	河道长度(m)	平均淤积厚度(m)
1	西塘河	4 263.7	0.5
2	桃坞河(西段)	2 031.7	0.6
3	中市河	1 227	0.6
4	仓桥浜	280	0.35
5	平门河	1 164	0.5
6	娄江及娄江支浜	1 346.8	0.6
7	三星河	1 337.1	0.5
8	相门塘	1 254.1	0.65

续表

序号	河道名称	河道长度(m)	平均淤积厚度(m)
9	新开河	279	0.5
10	学士河	3 357	0.35
11	府前河	1 000	0.4
12	十全河	2 134	0.5
13	官太尉河	1 276.5	0.5
14	南园河	1 058	0.5
15	二郎巷河	416	0.6
16	葑门内城河	1 010.8	0.5
17	竹辉河	576	0.55
18	薛家河	660	0.65
19	苗家浜	625.4	0.35
20	盘门内城河	2 816	0.65
21	西塘河(朱公桥河)	868.9	0.8
22	大龙港	1 187	0.75

图 4.18　2018 年清淤贯通工程河道位置示意图

图 4.19　西塘河现状图

图 4.20　桃坞河(西段)现状图

图 4.21　仓桥浜现状图

图 4.22　中市河现状图

图 4.23　学士河现状图

图 4.24　南园河现状图

图 4.25　竹辉河现状图

图 4.26　薛家河现状图

图 4.27　三星河现状图

图 4.28　娄江支浜现状图

4.3.1.2　轮船公司人行桥

轮船公司人行桥位于竹辉路养蚕里新村南侧的盘门内城河与竹辉河交叉口东侧，沟通东西两侧河道，仅结人行通过。现状人行桥为简支板梁桥，桥梁跨径 4 m 左右，跨径较小束水，故对该人行桥拆除重建，采用 2 孔净宽 5.5 m 的箱涵式桥梁，桥面宽度与现状保持一致，总宽为 3 m。位置及现状见图 4.29—图 4.31。

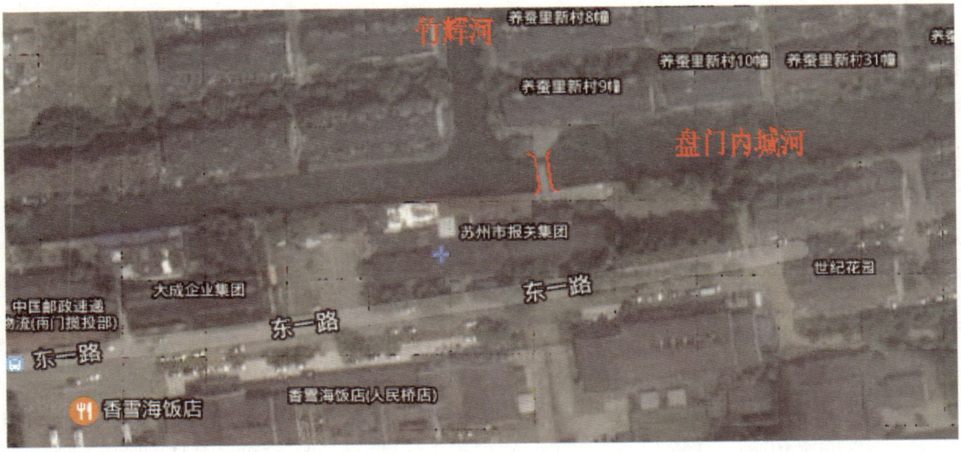

图 4.29　轮船公司人行桥卫星影像

图 4.30　轮船公司人行桥现状图

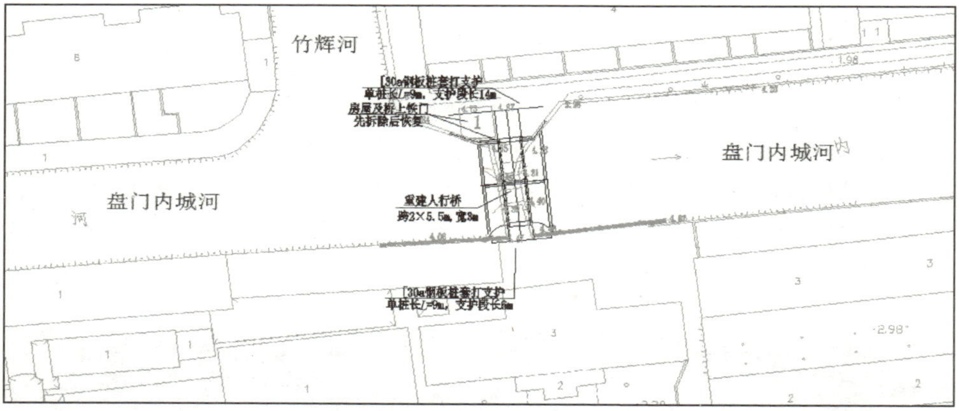

图 4.31　轮船公司人行桥地形图

4.3.2　工程设计

4.3.2.1　河道清淤

1. 清淤标准

2018 年度河道清淤包括西塘河、桃坞河(西段)等 22 条河道。本次清淤河道均不设标准断面，只将河底淤泥全部清除，杂草、杂树、沉船、大块建筑垃圾、生活垃圾全部清理。河道清淤一般断面图见图 4.32、图 4.33，其中典型断面图一(图 4.32)适用于西塘河、娄江及娄江支浜、相门塘、葑门内城河、盘门内城河、大龙港，其他河道适用典型断面图二(图 4.33)。

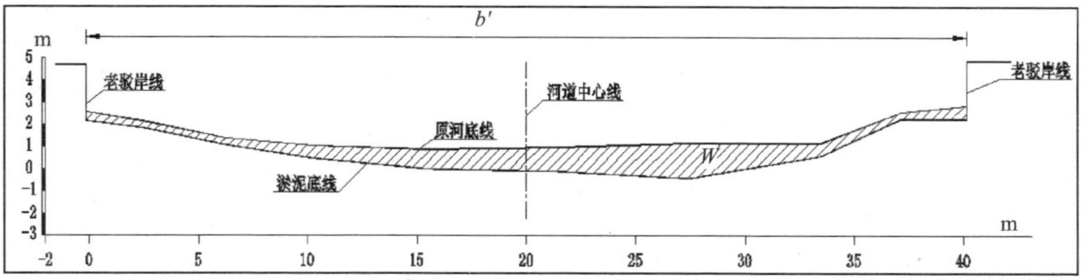

图 4.32　河道清淤典型断面图一

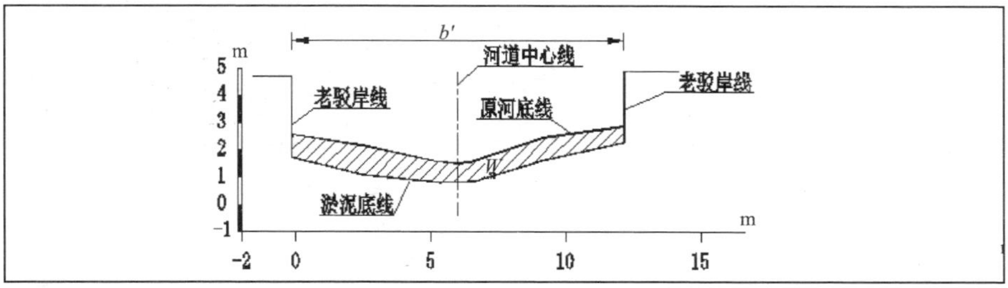

图 4.33　河道清淤典型断面图二

2. 清淤工程量

本片清淤河道共 22 条，总长为 30.17 km，清淤土方合计 32.49 万 m³，估列杂草、杂树、沉船、大块建筑垃圾、生活垃圾的清理达 1.1 万 m³。清淤工程量见表 4.7。

表 4.7　清淤工程量汇总表

序号	河道名称	清淤段河道长度(m)	清淤量(m³)	钢(管)板桩围堰(m)	排水(m³)
1	西塘河	4 263.7	108 402	主围堰:185(钢管桩围堰) 支河口围堰:215 子堰:7 条	1 577 600
2	桃坞河(西段)	2 031.7	8 460	主围堰:19 支河口围堰:24 子堰:19 条	85 400
3	中市河	1 227	5 026	主围堰:23 支河口围堰:12 子堰:11 条	81 000
4	仓桥浜	280	978	主围堰:23 子堰:2 条	13 500
5	平门河	1 164	3 882	主围堰:35(钢管桩围堰) 子堰:11 条	68 900

续表

序号	河道名称	清淤段河道长度(m)	清淤量(m^3)	钢(管)板桩围堰(m)	排水(m^3)
6	娄江及娄江支浜	1 346.8	17 212	主围堰:68(钢管桩围堰) 支河口围堰:43 子堰:2条	242 500
7	三星河	1 337.1	8 886	主围堰:34(其中钢管桩围堰22 m) 支河口围堰:50 子堰:2条	104 300
8	相门塘	1 254.1	16 587	主围堰:62(钢管桩围堰) 支河口围堰:112 子堰:2条	150 500
9	新开河	279	2 006	主围堰:41(其中钢管桩围堰31 m)	15 100
10	学士河	3 357	12 144	主围堰:25(其中钢管桩围堰19 m) 支河口围堰:20 子堰:32条	161 200
11	府前河	1 000	3 971	主围堰:13 子堰:9条	36 000
12	十全河	2 134	9 053	主围堰:15 支河口围堰:25 子堰:20条	98 200
13	官太尉河	1 276.5	5 645	主围堰:25 子堰:4条	91 900
14	南园河	1 058	10 639	主围堰:45 子堰:3条	338 600
15	二郎巷河	416	3 162	主围堰:50 子堰:1条	58 300
16	葑门内城河	1 010.8	16 953	主围堰:82(钢管桩围堰) 子堰:2条	428 600
17	竹辉河	576	4 177	主围堰:38 子堰:1条	48 400
18	薛家河	660	6 130	主围堰:43 子堰:2条	55 500
19	苗家浜	625.4	3 198	主围堰:47 子堰:2条	48 800
20	盘门内城河	2 816	37 290	主围堰:72(其中轮船公司桥拓宽东侧22 m主围堰考虑人行需要,采用钢管桩围堰,顶部设临时砼道路) 子堰:9条	338 000

续表

序号	河道名称	清淤段河道长度(m)	清淤量(m^3)	钢(管)板桩围堰(m)	排水(m^3)
21	西塘河(朱公桥河)	868.9	13 786	主围堰:58(其中钢管桩围堰 34 m) 支河口围堰:35 子堰:2 条	156 400
22	大龙港	1 187	27 349	主围堰:116(其中钢管桩围堰 26 m) 子堰:3 条	249 300
合计		30 169	324 936	主围堰:1 119(其中钢管桩围堰 482 m;另轮船公司桥拓宽东侧 22 m 钢管桩围堰,顶部设临时砼道路) 支河口围堰:536 子堰:146 条	4 019 400

备注:

① 估列杂草、杂树、沉船、大块建筑垃圾、生活垃圾的清理,总计 11 000 m^3,外运至弃土场,均以实计。

② 对于可能发生的老驳岸加固、老驳岸维修及底脚防护、老驳岸坍塌重建等,其方案见图 4.34—图 4.40(维修段驳岸断面图)。

③ 业主要求拆除官太尉河、十全河、二郎巷河交叉河口处的现状分流围堰(拆除前须报业主确认)。

④ 本次淤泥方量按各断面实测淤泥深度累积计算得出,各断面测量结果仅代表该断面位置处的淤泥深度。

⑤ 根据类似工程经验,固化后土方河道淤泥水下方与干泥比约为 2∶1,固化土方含固率不低于 60%。

4.3.2.2 驳岸加固与防护

由于城区老驳岸建设年代较久远,有些驳岸已出现裂缝、沉降、鼓出等现象;岸边房屋密集,直接建在老驳岸上,有些房屋也已有裂缝;干水后老驳岸可能会出现裂缝、倾斜、坍塌现象,因此施工时需对老驳岸进行加固、破损处维修、底脚防护、空(坑)洞修复,以及对可能产生的坍塌段老驳岸进行重建。维修段驳岸断面见图 4.34—图 4.40。

4.3.2.3 贯通工程

1. 轮船公司人行桥工程

考虑到该处施工空间有限,人行桥采用 2 孔净跨 5.5 m 箱涵式桥梁,桥面总宽为 3 m(与现状保持一致),箱涵顶板底高程为 4.20 m(与现状一致),箱涵底板面高程为 0.00 m。

人行桥设计荷载标准:人群荷载 3.5 kN/m^2。

根据参考的地质资料,人行桥基础坐落在②层黏土层,地基承载力特征值 f_{ak}=180 kPa,且下卧层良好,满足设计要求,采用天然地基。桥涵平面见图 4.41,桥涵立面见图 4.42。

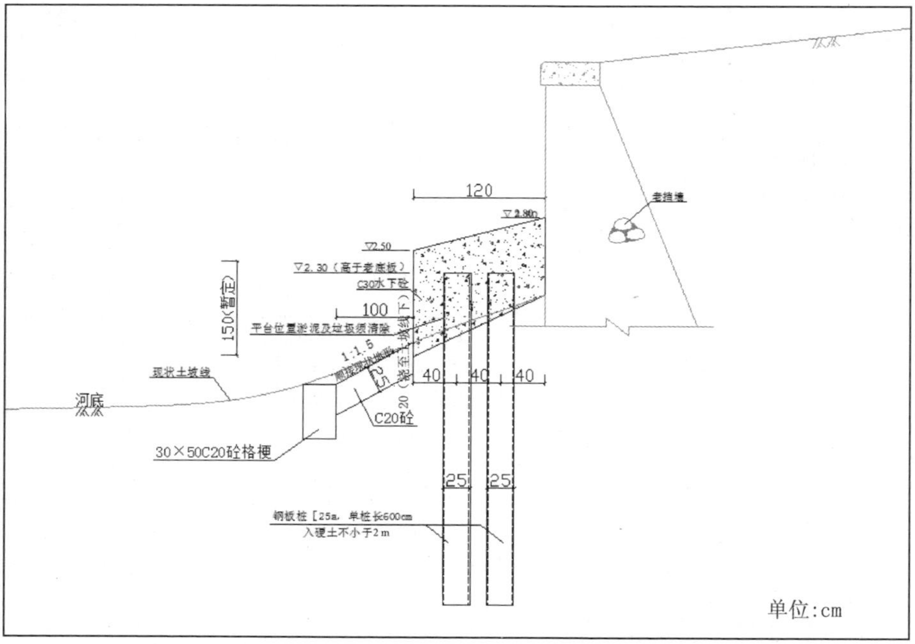

图 4.34　维修段驳岸断面图一

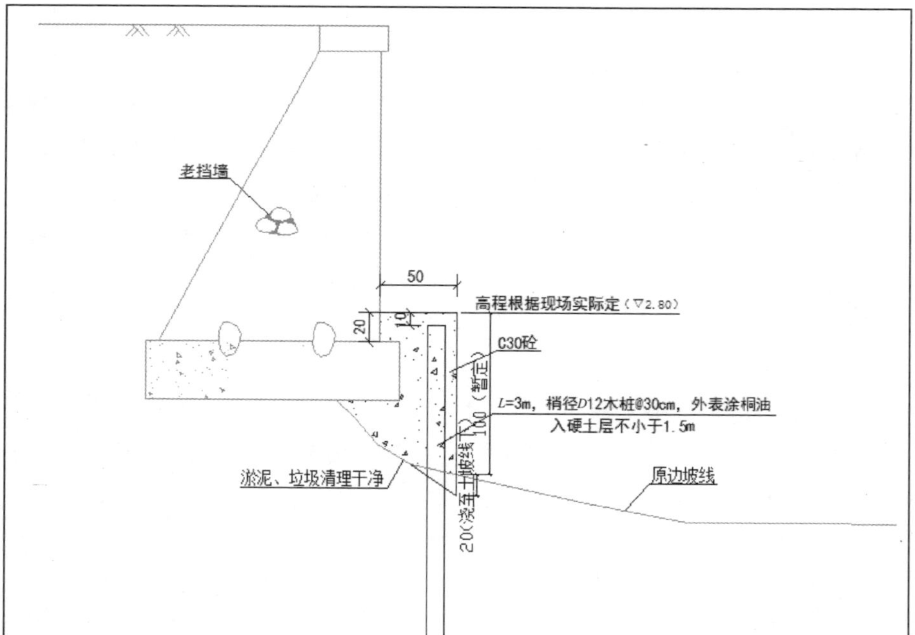

图 4.35　维修段驳岸断面图二

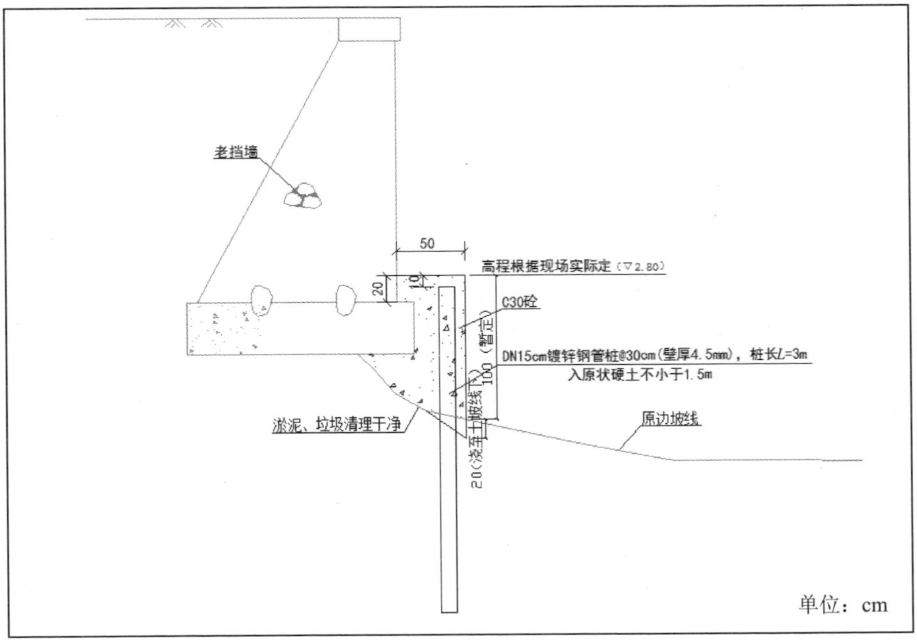

图 4.36　维修段驳岸断面图三

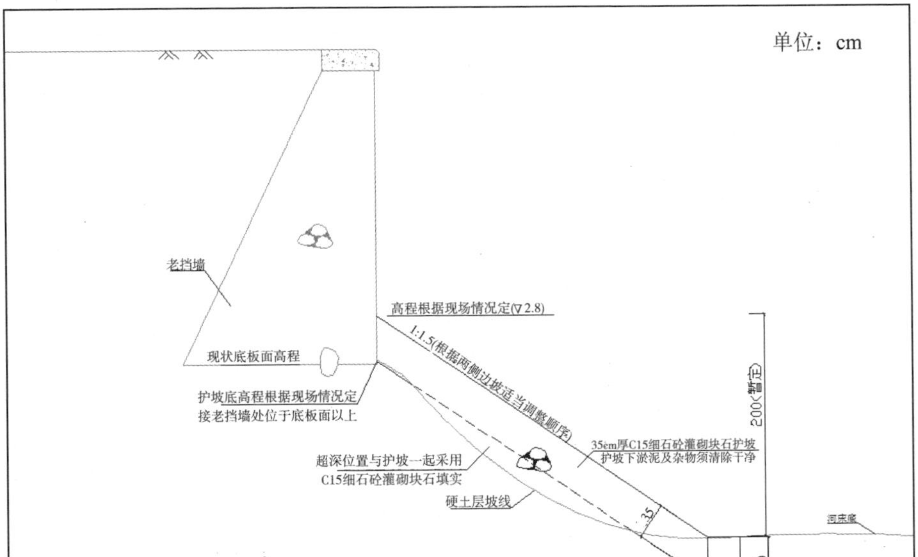

图 4.37　维修段驳岸断面图四

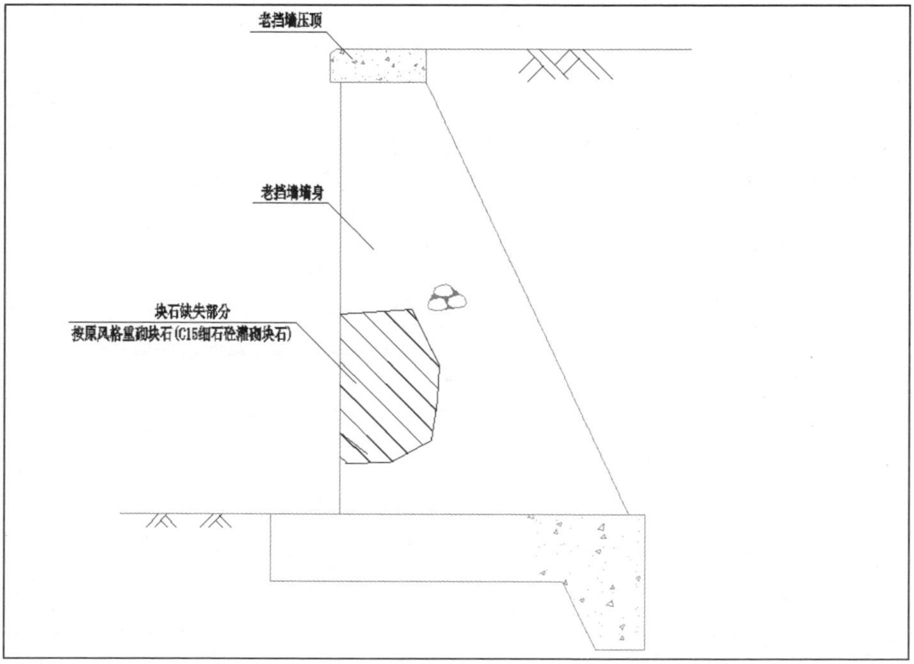

图 4.38　维修段驳岸断面图五

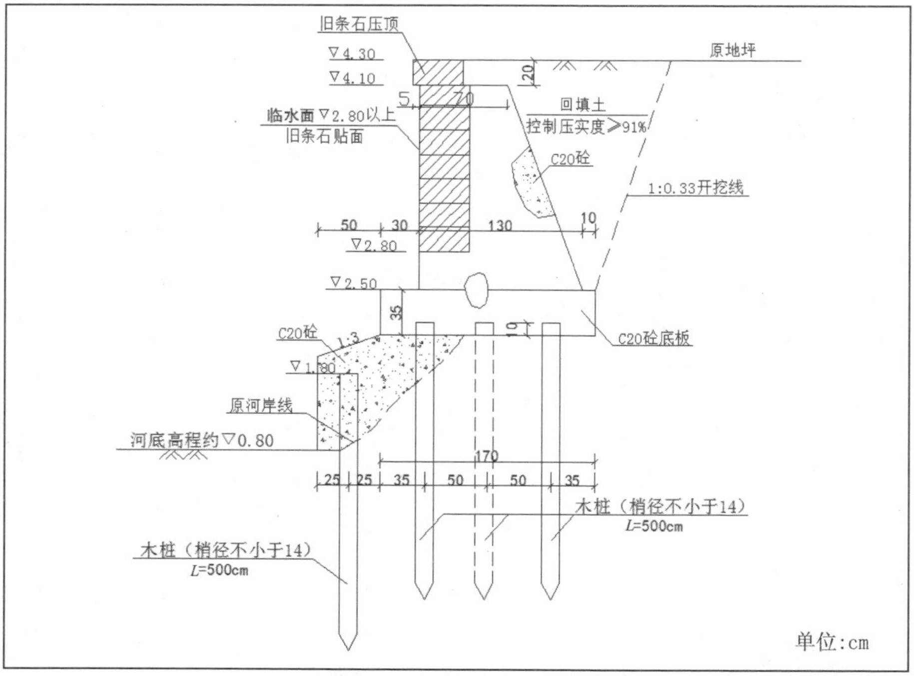

图 4.39　维修段驳岸断面图六

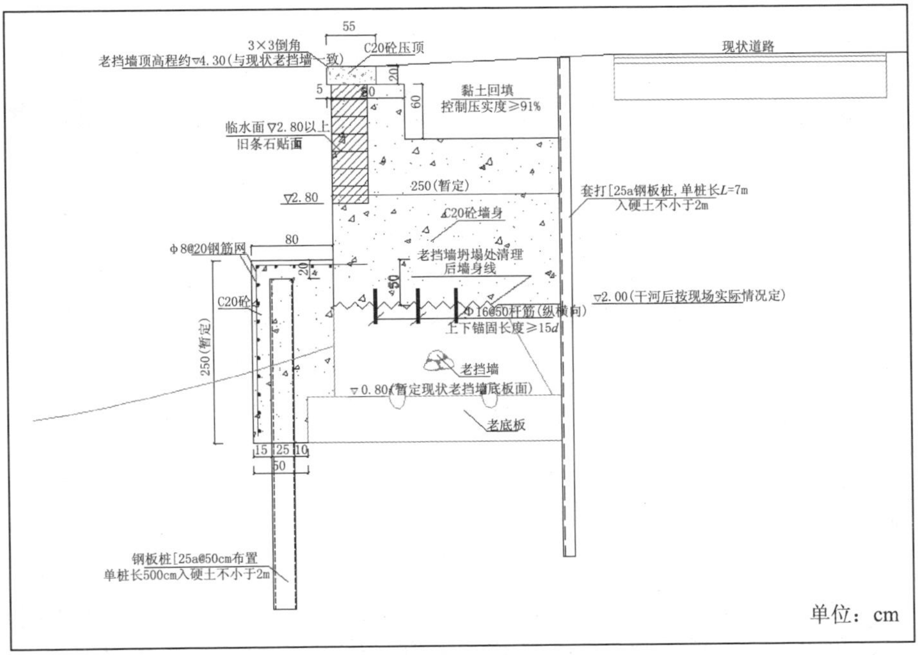

图 4.40 维修段驳岸断面图七

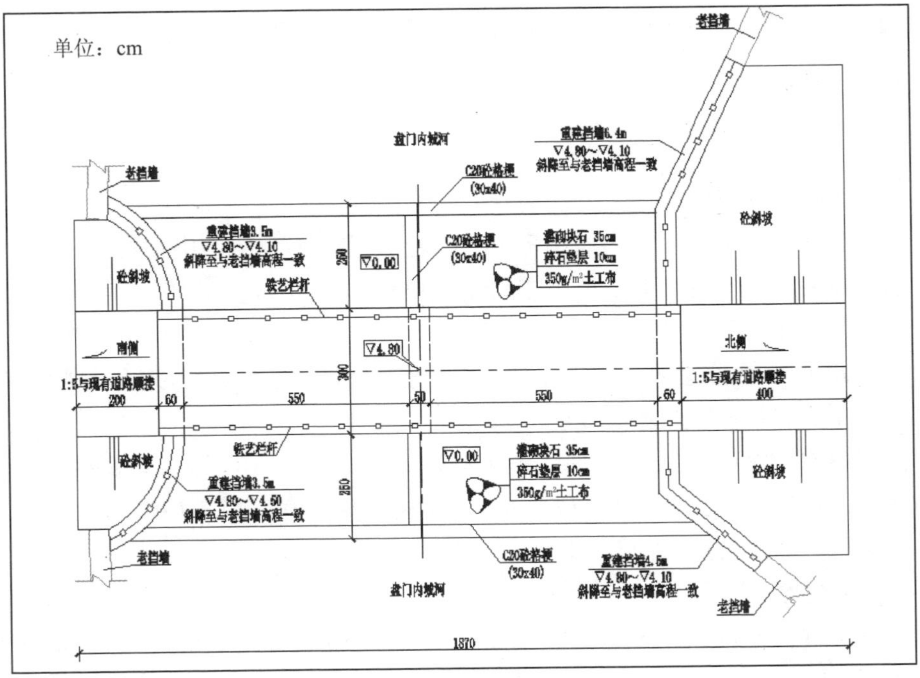

图 4.41 桥涵平面图

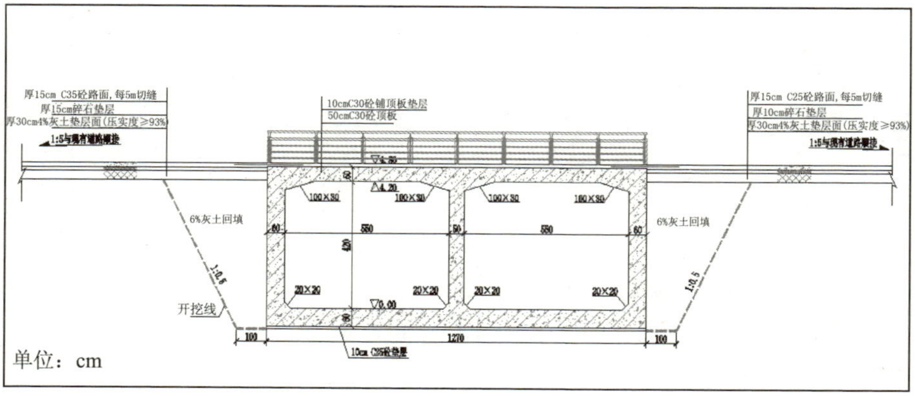

图 4.42　桥涵立面图

4.4　清淤贯通工程施工方案

2017 年清淤贯通工程实施河道位于姑苏区，包括外塘河（含护岸缺失段及破损段新建护岸）、外塘河支浜 2 条清水通道，过水主要河道和重要河道 19 条，共 21 条河道。

2018 年度清淤贯通工程涉及 1 条西塘河清水通道，21 条过水主要河道和重要河道，共 22 条河道的清淤；贯通工程 1 处，即盘门内城河上的轮船公司桥拓宽。

4.4.1　施工条件

(1) 施工场地

工程区河道周边有众多居民房、小区，施工用房可就近租用民房或在固化场周边的闲置空地等处临时搭建工棚、仓库用房。

(2) 水文、气象

苏州属亚热带季风气候，四季分明，雨水充沛，无霜期长，多年平均气温 15.7 ℃，多年平均降水量 1 100 mm 左右。

代表水位站枫桥站多年平均水位 2.95 m，汛期（5—10 月）多年日平均常水位 3.11 m，多年日平均最低水位 2.60 m，历史最高水位 4.83 m(2016 年)。

本地区防汛警戒水位 3.80 m。

(3) 交通条件

本工程位于苏州市城区，西、南面有京杭运河，北有沪宁铁路、沪宁高速公路，东有苏嘉杭高速公路，水、陆交通方便。工程所需的砂石料及其他建筑材料均可经河网或公路运输至施工现场，工程人员和机械设备的交通运输主要依靠陆运。工程区附近公路四通八达，直接与外界公路相通，施工基地、临时堆场等可就近设置，并须与管理部门、交通部门、环境部门等相关部门协调好。

(4) 水、电及劳动力供应

工程所在地区河网密布，水资源丰富，经附近地质钻探报告取试样分析，地表水和地下水均对普通水泥、钢筋混凝土无腐蚀性，水质良好、稳定，大部分河道天然水体或地下水均可作为施工生产用水来源；该地区人口众多，城镇密集，工程附近有自来水管网分布，可根据施工需要引接，基本可满足生产用水和施工生活用水的需求。

工程所在地附近城镇或乡村电网密布，施工用电大部分从经过施工场地附近的供电线路接入(需向供电部门申请)，局部与泵房管理部门协调，由泵房接入。区内对外通信可直接向邮电部门租用电话线路或自备手机。

工程所在地劳动力资源丰富，施工所需劳动力主要是有丰富施工经验的承建单位职工，亦可补充部分当地劳力，从事非主要技术工种的工作。

4.4.2 施工材料来源

本工程地处苏南平原地区，工程所需建筑材料除土料外的其他建筑材料就地无天然料场可开采，不具备自行开采的条件，但工程所需的各种建筑材料，均可从区域内工程附近的建筑材料市场直接采购到，因此，本工程除土料外的建筑材料将从建筑材料市场直接采购获得。

工程需砂石、块石、钢材、水泥、柴油等大宗建筑材料，其中砂石料、块石均可从浙江省、江苏省内等地购买运到施工场地，钢材可从工程所在地附近就近采购，水泥、柴油等可从附近水泥厂、石油公司购置，经公路直达工地。由于工程地处苏南，对环境要求较高，工程所用现浇混凝土结构均直接采用商品混凝土。该区域建筑市场十分健全，工程所在地区域均有相当规模的商品混凝土生产厂商，可确保工程施工过程中快捷供给优质混凝土。土方可利用基坑开挖土。

4.4.3 施工导流及围堰

(1) 施工导流

由于工程所在地为平原，河网密布，工程施工期允许断流，故可采用筑围堰干河施工。

(2) 施工主围堰

根据《水利水电工程施工组织设计规范》(SL 303—2004)的有关规定，项目的围堰工程级别应根据工程保护对象、失事后果、使用年限和工程规模确定。考虑到本工程施工期可能遇汛期，围堰失事将造成内部城镇和工矿企业受淹等因素，施工围堰级别为5级。

堰顶高程按设计水位与设计波浪爬高、风壅高度及安全加高之和确定。

2017 年度工程考虑工期要跨汛期，且近年来水位有持续加高的趋势，为安全起见，上塘河河口设计水位采用 2016 年汛期实况高水位 4.82 m(枫桥站)；波浪爬高及风壅高度取 0.2 m；按照规范，对应 5 级围堰，安全超高取 0.5 m。故上塘河京杭运河口堰顶高程＝4.82＋0.2＋0.5＝5.52 m，本工程上塘河京杭运河河口施工围堰设计顶高程取 5.5 m，围堰顶宽 3 m。其他主围堰按照内河最高控制水位 3.80 m 进行设计，内河侧堰顶高程＝3.8＋0.5＝4.3 m，围堰设计顶宽 2 m。

参照附近类似工程，综合水位、地质情况、河道宽度，上塘河围堰、外塘河围堰、外塘河支浜围堰采用钢管桩围堰；其他围堰采用钢板桩围堰。围堰设计顶宽 3 m(2 m)，迎水坡 1∶2 放坡，背水坡 1∶2 放坡，迎水面采用编织袋装土护坡。

2018 年度工程主围堰按照内河最高控制水位 3.80 m 进行设计，内河侧堰顶高程＝3.8＋0.5＝4.3 m，围堰设计顶宽 2 m(3 m)。参照附近类似工程，综合水位、地质情况、河道宽度，西塘河、娄江及娄江支浜、相门塘主围堰、各河道外城河河口围堰、轮船公司桥东侧围堰(考虑到人行需要)均采用钢管桩围堰；其他主围堰(支河口围堰)采用钢板桩围堰。围堰设计顶宽 3 m(2 m，轮船公司桥东侧人行所需围堰顶宽 4.5 m)，迎水坡 1∶2 放坡，背水坡 1∶2 放坡，迎水面采用编织袋装土护坡。

围堰施工：堰基清淤→施打钢管桩(钢板桩)、钢筋对拉等→围堰填土→抽水。待围堰内建筑物主体结构施工完成后，拆除围堰并恢复河道。2017 年度工程施工围堰断面见图 4.43—图 4.45；2018 年度工程施工围堰断面见图 4.46—图 4.48，其中主围堰断面图四适用于西塘河、葑门内城河、娄江及娄江支浜、相门塘主围堰及各河道外城河河口围堰；主围堰断面图五适用于除钢管桩围堰以外的其他围堰、支河口围堰、轮船公司桥西侧围堰；主围堰断面图六适用于轮船公司桥东侧围堰(人行用)。

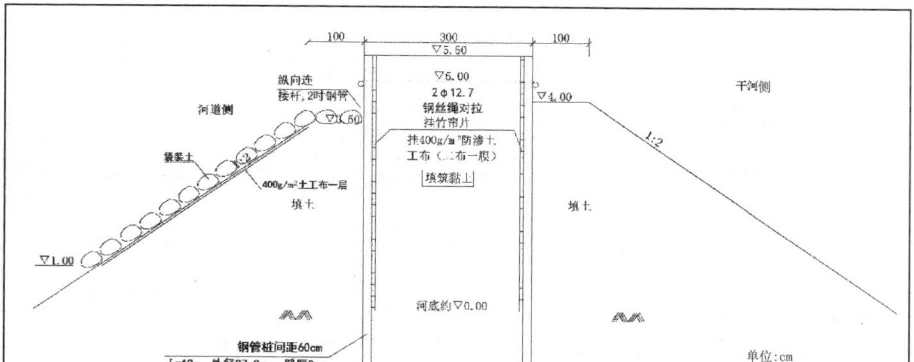

图 4.43　主围堰断面图一(上塘河运河河口围堰)

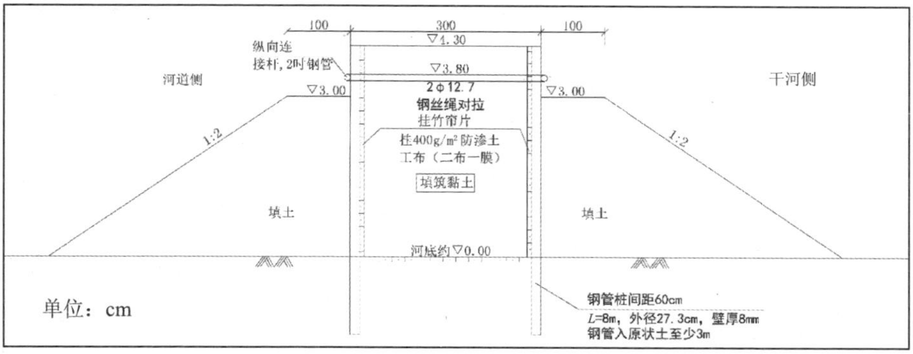

图 4.44　主围堰断面图二[上塘河(运河河口围堰除外)、外塘河及外塘河支浜]

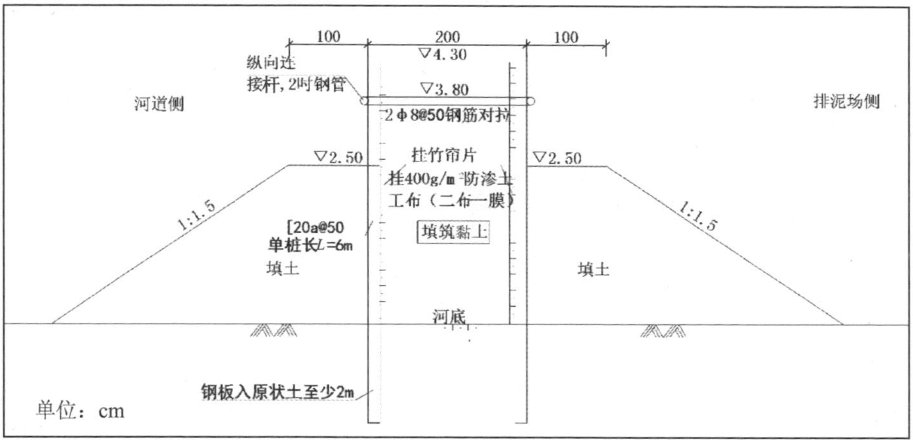

图 4.45　主围堰断面图三(除钢管桩围堰、子堰以外的其他围堰)

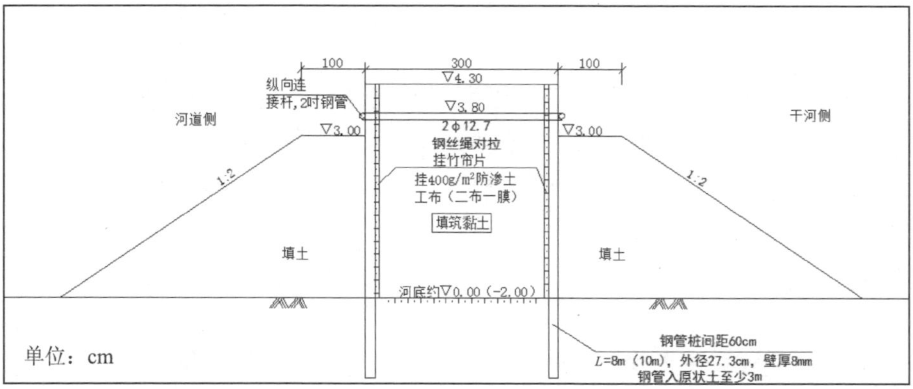

图 4.46　主围堰断面图四(括号内数值适用于葑门内城河,括号外数值适用于其他河道)

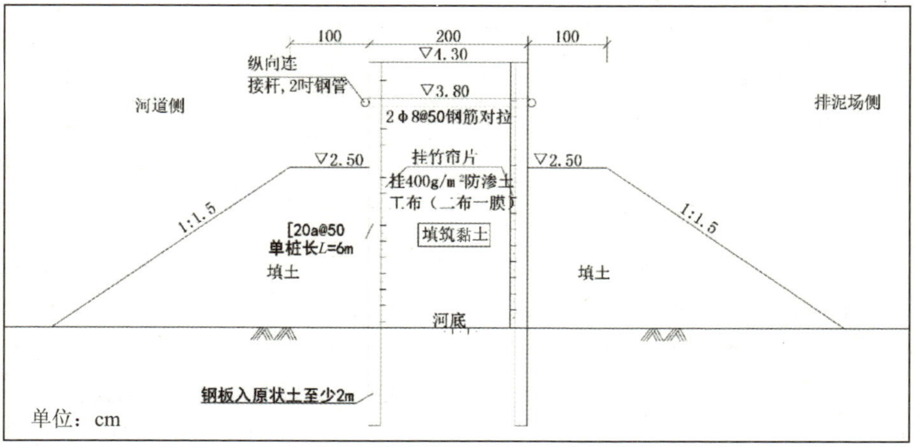

图 4.47　主围堰断面图五

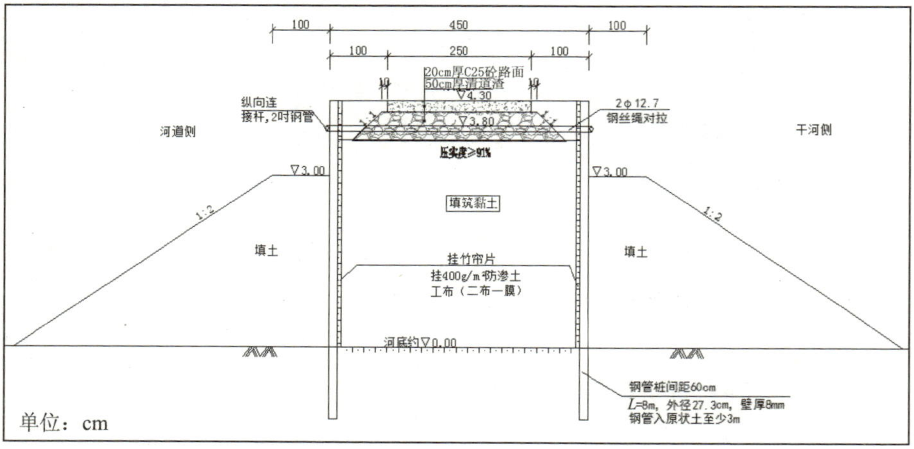

图 4.48　主围堰断面图六

施工围堰利用外进土方填筑。围堰填筑时从两侧进土，向中间推进直至合拢；工程施工期应注意加强对围堰的维护、保养；施工结束后及时拆除围堰，恢复至原河床高程，不得缩减原有过水面积。围堰拆除土方外运至指定区域，不得随意抛撒。

4.4.4　施工降排水

施工期基坑降排水分为初期排水和后期经常性排水两个部分。

(1) 初期排水

初期排水包括围堰建成后相应区段内河道或基坑内原有积水和排水期渗水

的外排，一般采用水泵抽排，基坑初期排水强度的确定，需考虑施工围堰以及河道岸坡或基坑边坡的稳定要求，控制基坑水位下降速度，按照每天下降不超过0.5 m进行控制。配置水泵时，除根据基坑排水量计算需要数量外，还要考虑备用水泵。

(2) 经常性排水

本工程的经常性排水主要包括施工期间由于地下水位高于基坑开挖面而形成的基坑渗水和施工期降雨。为确保建筑物施工时满足水工建筑物施工条件，地下水需降至底板以下 0.5 m。工程其他的降排水采用明沟排水，明水及渗水采用垄沟结合水泵集中排除。

4.4.5 主体工程施工

4.4.5.1 施工准备

根据本工程特点，施工准备包括施工房屋的搭建、场地三通、临时固化点的选定等。施工房屋为施工人员休息、施工物资堆放的场所，就近布置。

4.4.5.2 2017 年度河道清淤施工

1. 清淤施工方案

参照类似工程施工经验，考虑到清淤效果、河道现状和两岸情况，本次河道清淤采用干河清淤为主，条件不好的采用生态清淤。干河清淤的河道采用分段修筑围堰干河，泥浆泵水力冲淤，即施工河段两端修建围堰，中间分段修筑围堰，并封堵沿线支河口干河；生态清淤采用小型环保生态清淤船带水施工。考虑到老驳岸、周边房屋等建筑物的安全，河道内水位需缓慢下降，在降水前须对危险段老驳岸进行支护维护，干水后须对破损老驳岸加固维修；为了减少对周围驳岸及建筑物的影响，干水施工的河道每一分段均需尽快冲淤运泥，尽量不要让河道的干水时间过长；如在施工过程中发现房屋有危险，人员须先撤离，再干河实施。

外塘河：采用分段修筑围堰干河泥浆泵水力冲淤，分段长度约 500 m 左右(局部根据房屋等建筑物位置可适当调整子堰位置)，在外塘河枢纽南侧设一条主围堰，在外塘河与外城河交叉口设置临时排泥场(在外塘河南侧做两条主围堰，围堰间作为临时排泥场)，河道内设置分段子堰，子堰断面同主围堰；另外需在支浜一河口设一条支河口围堰。

外塘河支浜：采用分段修筑围堰干河泥浆泵水力冲淤，分段长度约 350 m 左右(局部根据房屋等建筑物位置可适当调整子堰位置)，在外塘河支浜与外塘河交叉口设一条主围堰，在外塘河与娄江交叉口设一条主围堰。河道内设置分段子堰，子堰断面同主围堰。

凤凰泾:采用分段修筑围堰干河泥浆泵水力冲淤,分段长度约 300 m 左右(局部根据房屋等建筑物位置可适当调整子堰位置),在上塘河交叉河口设置一条主围堰,在里双河交叉河口设置临时排泥场(在河口做两条主围堰,围堰间作为临时排泥场),河道内设置分段子堰,子堰采用在河道内套打一排钢板桩,在外侧挂彩条布,并适当铺压袋装土形式,围堰内侧须支撑牢固,围堰钢板桩采用[25 a 钢板桩,单桩长 6 m,顶高程为 3.80 m,另外需在倪大纹浜、虹桥浜、徐家浜、活络浜等共 5 处河口各设一条支河口围堰。

白莲浜:采用分段修筑围堰干河泥浆泵水力冲淤,分段长度约 300 m 左右(局部根据房屋等建筑物位置可适当调整子堰位置),在该条河道上塘河河口设一条主围堰,在里双河交叉河口设置临时排泥场(在河口做两条主围堰,围堰间作为临时排泥场),河道内设置分段子堰,子堰采用在河道内套打一排钢板桩,在外侧挂彩条布,并适当铺压袋装土形式,围堰内侧须支撑牢固,围堰钢板桩采用[25 a 钢板桩,单桩长 6 m,顶高程为 3.80 m。另外需在倪大纹浜、虹桥浜、活络浜共 3 处河口各设一条支河口围堰。

彩香浜:采用分段修筑围堰干河泥浆泵水力冲淤,分段长度约 300 m 左右(局部根据房屋等建筑物位置可适当调整子堰位置),在白莲浜河口设一条主围堰,在里双河交叉河口设置临时排泥场(在河口做两条主围堰,围堰间作为临时排泥场),河道内设置分段子堰,子堰采用在河道内套打一排钢板桩,在外侧挂彩条布,并适当铺压袋装土形式,围堰内侧须支撑牢固,围堰钢板桩采用[25 a 钢板桩,单桩长 6 m,顶高程为 3.80 m。

桐泾河:采用分段修筑围堰干河泥浆泵水力冲淤,分段长度约 300 m 左右(局部根据房屋等建筑物位置可适当调整子堰位置),在上塘河河口设一条主围堰,在里双河交叉河口设置临时排泥场(在河口做两条主围堰,围堰间作为临时排泥场),河道内设置分段子堰,子堰采用在河道内套打一排钢板桩,在外侧挂彩条布,并适当铺压袋装土形式,围堰内侧须支撑牢固,围堰钢板桩采用[25 a 钢板桩,单桩长 6 m,顶高程为 3.80 m。另外需在张家浜河口处设一条支河口围堰。

黄石桥河:采用分段修筑围堰干河泥浆泵水力冲淤,分段长度约 300 m 左右(局部根据房屋等建筑物位置可适当调整子堰位置),在胡家浜交叉河口设置一条主围堰,在里双河交叉河口设置临时排泥场(在河口做两条主围堰,围堰间作为临时排泥场),河道内设置分段子堰,子堰采用在河道内套打一排钢板桩,在外侧挂彩条布,并适当铺压袋装土形式,围堰内侧须支撑牢固,围堰钢板桩采用[25 a 钢板桩,单桩长 6 m,顶高程为 3.80 m。

胡家浜:采用分段修筑围堰干河泥浆泵水力冲淤,分段长度约 300 m 左右(局部根据房屋等建筑物位置可适当调整子堰位置),在淮阳河、桐泾河、黄石桥河交叉河口各设置一条大围堰,河道内设置分段子堰,子堰采用在河道内套打一排钢板桩，在外侧挂彩条布，并适当铺压袋装土形式，围堰内侧须支撑牢固，围堰钢板桩采用[25 a 钢板桩，单桩长 6 m，顶高程为 3.80 m。

淮阳河：采用分段修筑围堰干河泥浆泵水力冲淤，分段长度约 200 m 左右（局部根据房屋等建筑物位置可适当调整子堰位置），在淮阳河、桐泾河、黄石桥河交叉河口各设置一条大围堰，河道内设置分段子堰，子堰采用在河道内套打一排钢板桩，在外侧挂彩条布，并适当铺压袋装土形式，围堰内侧须支撑牢固，围堰钢板桩采用[25 a 钢板桩，单桩长 6 m，顶高程为 3.80 m。

夏驾浜：由于信记桥西侧北岸，房屋挑出驳岸，橡皮坝以东，驳岸基础不牢固，且 CS2 处有一座橡胶坝，故 CS2（0＋050）—CS8（0＋358）及 CS22（1＋000）—CS26（1＋200）段采用小型环保型生态清淤船带水清淤（只清淤）；其余河段 CS1（0＋000）—CS2（0＋050）、CS8（0＋358）—CS22（1＋000）及 CS26（1＋200）—CS32（1＋470）采用筑围堰干河，泥浆泵水力冲淤，在 CS1、CS2、CS8、CS22、CS26、CS32 处各设一条主围堰。

三香河：采用分段修筑围堰干河泥浆泵水力冲淤，分段长度约 100 m 左右（局部根据房屋等建筑物位置可适当调整子堰位置），在胡家浜交叉河口设置一条主围堰，在里双河交叉河口设置临时排泥场（在河口做两条主围堰，围堰间作为临时排泥场），河道内设置分段子堰，子堰采用在河道内套打一排钢板桩，在外侧挂彩条布，并适当铺压袋装土形式，围堰内侧须支撑牢固，围堰钢板桩采用[25 a 钢板桩，单桩长 6 m，顶高程为 3.80 m。

山塘河：采用分段修筑围堰干河泥浆泵水力冲淤。在山塘河南端与外城河交叉口设一条主围堰，在山塘河北端设置临时排泥场（在河口做两条主围堰，围堰间作为临时周转区排泥场），另考虑到河道两岸的房屋密集，普济桥以南至外城河河口段河道及虎阜桥至 CS65 段河道清淤分段长度约 50 m 左右，即每 50 m 设一道子堰（局部根据房屋、桥梁等位置可适当调整围堰位置）；普济桥—虎阜桥段河道清淤分段长度约 200 m 左右，即每 200 m 设一道子堰，子堰断面同主围堰。另外需在虎丘环山河两端、山前河、青山绿水浜两端、小普济桥河支河口各设一条支河口围堰。

虎丘环山河（含支浜）：考虑到周边驳岸质量、临河而建的房屋情况等结合以前清淤经验，本条河道施工采用小型环保型生态清淤船带水清淤（只清淤）。

鸭脚浜：采用分段修筑围堰干河泥浆泵水力冲淤，分段长度约 500 m 左右（局部根据房屋等建筑物位置可适当调整子堰位置），在山塘河交叉河口设置一条主围堰，在南北两支与西塘河交叉河口各设置一个临时排泥场（在河口做两条主围堰，围堰间作为临时排泥场），河道内设置分段子堰，子堰采用在河道内套打一排钢板桩，在外侧挂彩条布，并适当铺压袋装土形式，围堰内侧须支撑牢固，围堰钢板桩采用[25 a 钢板桩，单桩长 6 m，顶高程为 3.80 m。

袁埂浜：采用分段修筑围堰干河泥浆泵水力冲淤，分段长度约 300 m 左右（局部根据房屋等建筑物位置可适当调整子堰位置），在硕房庄河交叉河口及青龙桥河交叉河口各设置一条主围堰，河道内设置分段子堰，子堰采用在河道内套打一排钢板桩，在外侧挂彩条布，并适当铺压袋装土形式，围堰内侧须支撑牢固，围堰钢板桩采用[25 a 钢板桩，单桩长 6 m，顶高程为 3.80 m。

硕房庄河：采用分段修筑围堰干河泥浆泵水力冲淤，分段长度约 300 m 左右（局部根据房屋等建筑物位置可适当调整子堰位置），在袁梗浜、方家浜、山塘河、五泾浜各交叉河口各设置一条主围堰，河道内设置分段子堰，子堰采用在河道内套打一排钢板桩，在外侧挂彩条布，并适当铺压袋装土形式，围堰内侧须支撑牢固，围堰钢板桩采用[25 a 钢板桩，单桩长 6 m，顶高程为 3.80 m。

五泾浜：采用分段修筑围堰干河泥浆泵水力冲淤，分段长度约 300 m 左右（局部根据房屋等建筑物位置可适当调整子堰位置），在硕房庄河交叉河口及山塘河交叉河口各设置一条主围堰，河道内设置分段子堰，子堰采用在河道内套打一排钢板桩，在外侧挂彩条布，并适当铺压袋装土形式，围堰内侧须支撑牢固，围堰钢板桩采用[25 a 钢板桩，单桩长 6 m，顶高程为 3.80 m。

方家浜：采用分段修筑围堰干河泥浆泵水力冲淤，分段长度约 300 m 左右（局部根据房屋等建筑物位置可适当调整子堰位置），在硕房庄河交叉河口设一条主围堰，在上塘河交叉河口设置临时排泥场（在河口做两条主围堰，围堰间作为临时排泥场），河道内设置分段子堰，子堰采用在河道内套打一排钢板桩，在外侧挂彩条布，并适当铺压袋装土形式，围堰内侧须支撑牢固，围堰钢板桩采用[25 a 钢板桩，单桩长 6 m，顶高程为 3.80 m。

冶坊浜：采用分段修筑围堰干河泥浆泵水力冲淤，分段长度约 300 m 左右（局部根据房屋等建筑物位置可适当调整子堰位置），在硕房庄河交叉河口设一条主围堰，在上塘河交叉河口设置临时排泥场（在河口做两条主围堰，围堰间作为临时排泥场），河道内设置分段子堰，子堰采用在河道内套打一排钢板桩，在外侧挂彩条布，并适当铺压袋装土形式，围堰内侧须支撑牢固，围堰钢板桩采用[25 a 钢板桩，单桩长 6 m，顶高程为 3.80 m。

清洁河：考虑到周边驳岸质量、临河而建的房屋情况等，结合以前清淤经验，本条河道施工采用小型环保型生态清淤船带水清淤（只清淤）。

上塘河（含支浜）：本条河道主河道及支浜施工方案为均分段修筑围堰干河泥浆泵水力冲淤，分段长度约 500 m 左右（局部根据房屋等建筑物位置可适当调整子堰位置）。主河道在外城河河口各设一条主围堰，在京杭运河交叉河口设置临时排泥场（在河口做两条主围堰，围堰间作为临时排泥场），河道内设置分段子堰，子堰断面同外城河河口主围堰；支浜在河道两端设主围堰，中间设一道子堰（局部根据房屋等建筑物位置可适当调整子堰位置），子堰断面同外城河河口主围堰。另需在凤凰泾、白莲浜、桐泾河、淮阳河各交叉河口各设一道支河口围堰。

部分河道施工过程情况如图 4.49—图 4.53 所示。

(a) 施工机械进场

(b) 河道原状

(c) 水力冲淤

(d) 清除沉积土、整坡

图 4.49　鸭脚浜施工过程

(a) 河道原状

(b) 人工水力冲淤

(c) 人工捡拾垃圾装袋上岸

(d) 清除沉积土、整坡

(e) 施工完成

图 4.50　袁梗浜施工过程

(a) 河道原状

(b) 人工水力冲淤

(c) 人工捡拾垃圾装袋上岸

(d) 清除沉积土、整坡

(e) 施工完成

图 4.51　五泾浜施工过程

(a) 河道原状

（b）人工水力冲淤

（c）人工捡拾垃圾装袋上岸

(d) 清除沉积土、整坡

(e) 施工完成

图 4.52　方家浜施工过程

(a) 河道原状

(b) 人工水力冲淤

(c) 人工捡拾垃圾装袋上岸并外运

(d) 清除沉积土、整坡

(e) 施工完成

图 4.53 冶坊浜施工过程

2. 淤泥的处置与堆放

目前,苏州河道淤泥的处置均采用荒废的池塘、鱼塘、田地作为排泥场弃置,造成了大量土地浪费,而且近年来,工业园区、相城区等均已禁止淤泥在本区内堆放，且现有的排泥场周边居民对淤泥的堆放问题反映强烈，随着清淤工作的推进及城市建设的发展，周边地区淤泥的排泥场越来越少。

经过对近年实施的清淤工作进行总结，并考察了江浙多地的淤泥固化处理方案后，相关单位认为需要将清淤与淤泥处置相结合，加强淤泥清理、排放、运输、处置的全过程管理。

根据各地经验，结合苏州实际情况，本次清淤考虑采用清淤固化处理的方案，并对固化土源实行综合利用，经业主与苏州新城投资发展有限公司会商，固化土一是作为物流中心地块内填土，二是作为京杭运河（长浒大桥以北至黄花泾段）东岸堤防绿化用土。

（1）淤泥固化

淤泥固化是指淤泥上岸后经过分离系统设备粒径分级减量化处理、脱水干化系统脱水干化等步骤，以达到脱水减量化要求。

① 河道淤泥经泥驳船（或管道）运送至淤泥固化点，经控源分离后，泥浆进入平衡池均混区进行均质搅拌。

② 均混后淤泥泥浆通过渣浆泵送入旋流浓缩系统，通过水力旋流浓缩作用浓缩泥浆，浓缩后的底流进入待压池调理；溢流进入梯度浓密系统，进行深层次的浓密。

③ 浓缩后的淤泥泵送至待压池待压，上层出水进入尾水净化池，须处理后达标排放。

④ 待压池泥浆经药剂调理后通过板框压滤机高效脱水，压滤成泥饼，压滤尾水须处理后达标排放。

工艺流程见图 4.54，类似工程固化施工现场情况见图 4.55—图 4.57。

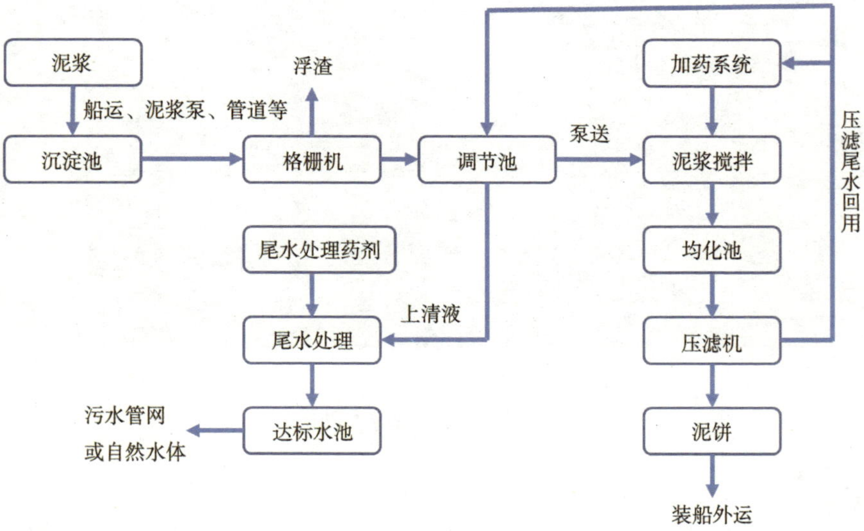

图 4.54　淤泥脱水固化工艺流程

图 4.55 类似工程固化施工现场储泥池

图 4.56 类似工程固化施工现场车间

图 4.57　类似工程固化施工现场压滤机

(2) 固化点的选择

通过与建设部门沟通，本次固化点为临时布置，临时固化点设置在西环路以西、鹿山路以北、金业街高架以南、京杭运河以西的江苏(苏州)国际铁路物流中心地块内，共 30 亩(图 4.58)。因本次清淤贯通工程为两个标段，故固化点两个标段平分，沿图 4.59 竖向中心轴线平分，西侧为Ⅰ标段临时占地，东侧为Ⅱ标段临时占地，每个标段各 15 亩。每个标段接 2 个 500 kVA 的箱变，每个标段的固化设备日处理能力 2 500 m^3。

图 4.58　固化点位置卫星图像

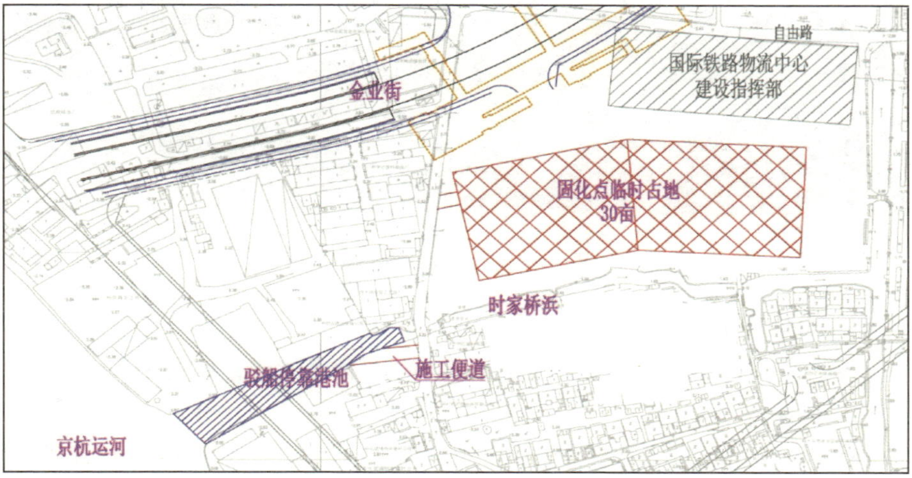

图 4.59　固化点临时占地位置图

图 4.60　固化点现状图一

图 4.61　固化点现状图二

(3) 固化点布置

根据类似工程经验及本工程的工期安排，固化点的布置见图 4.62。

(4) 运泥方案

外塘河：清淤土方采用排管将各段淤泥分别排至临时排泥场中，沉淀后再用 100 t 的泥驳船经外城河→西塘河→黄花泾→京杭运河运至固化点固化，固化后土方采用铲运机翻至 100 t 泥驳船经京杭运河运至业主指定堆放点。护岸余土采用 10 t 自卸汽车外运至业主指定堆放点。

外塘河支浜：清淤土方采用排管将各段淤泥分别排至外塘河临时排泥场中，沉淀后再用 100 t 的泥驳船经外城河→西塘河→黄花泾→京杭运河运至固化点固化，固化后土方采用铲运机翻至 100 t 泥驳船经京杭运河运至业主指定堆

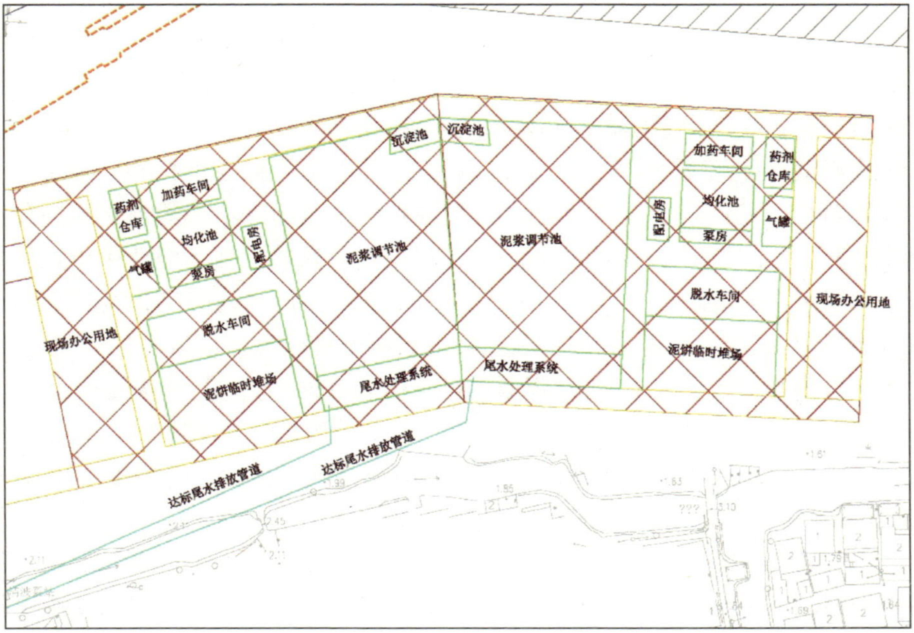

图 4.62　固化点布置示意图

放点。

凤凰泾：清淤土方采用排管将各段淤泥分别排至临时排泥场中，沉淀后再用 100 t 的泥驳船经里双河→京杭运河运至固化点固化，固化后土方采用铲运机翻至 100 t 泥驳船经京杭运河运至业主指定堆放点。

白莲浜：清淤土方采用排管将各段淤泥分别排至临时排泥场中，沉淀后再用 100 t 泥驳船经里双河→京杭运河运至固化点固化，固化后土方采用铲运机翻至 100 t 泥驳船经京杭运河运至业主指定堆放点。

彩香浜：清淤土方采用排管将各段淤泥分别排至临时排泥场中，沉淀后再用 100 t 泥驳船经里双河→京杭运河运至固化点固化，固化后土方采用铲运机翻至 100 t 泥驳船经京杭运河运至业主指定堆放点。

桐泾河：清淤土方采用排管将各段淤泥分别排至临时排泥场中，沉淀后再用 100 t 泥驳船经里双河→京杭运河运至固化点固化，固化后土方采用铲运机翻至 100 t 泥驳船经京杭运河运至业主指定堆放点。

黄石桥河：清淤土方采用排管将各段淤泥分别排至临时排泥场中，沉淀后再用 100 t 泥驳船经里双河→京杭运河运至固化点固化，固化后土方采用铲运机翻至 100 t 泥驳船经京杭运河运至业主指定堆放点。

胡家浜：清淤土方采用排管将各段淤泥分别排至黄石桥河临时排泥场中，沉淀后再用 100 t 泥驳船经里双河→京杭运河运至固化点固化，固化后土方采用铲运机翻至 100 t 泥驳船经京杭运河运至业主指定堆放点。

淮阳河：清淤土方采用排管将各段淤泥分别排至黄石桥河临时排泥场中，沉淀后再用 100 t 泥驳船经里双河→京杭运河运至固化点固化，固化后土方采用铲运机翻至 100 t 泥驳船经京杭运河运至业主指定堆放点。

夏驾浜：生态清淤船清淤土方（4 787 m^3）采用排管将各段淤泥分别排至三香河临时排泥场中，沉淀后再用 100 t 泥驳船经里双河→京杭运河运至固化点固化，固化后土方采用铲运机翻至 100 t 泥驳船经京杭运河运至业主指定堆放点。泥浆泵干河清淤土方（15 509 m^3）采用排管将各段淤泥分别排至三香河临时排泥场中，沉淀后再用 100 t 泥驳船经里双河→京杭运河运至固化点固化，固化后土方采用铲运机翻至 100 t 泥驳船经京杭运河运至业主指定堆放点。

三香河：清淤土方采用排管将各段淤泥分别排至临时排泥场中，沉淀后再用 100 t 泥驳船经里双河→京杭运河运至固化点固化，固化后土方采用铲运机翻至 100 t 泥驳船经京杭运河运至业主指定堆放点。

山塘河：清淤土方采用排管将各段淤泥分别排至北端临时排泥场中，经沉淀后再采用泥浆泵配接力泵将淤泥输送至固化点进行固化，排管线路为从临时排泥场向北经白洋湾→后头巷浜至固化点固化，固化后土方采用铲运机翻至 100 t 泥驳船经京杭运河运至业主指定堆放点。

虎丘环山河：生态清淤船清淤土方采用排管将各段淤泥分别排至山塘河临时排泥场中，经沉淀后再采用泥浆泵配接力泵将淤泥输送至固化点进行固化，排管线路为从临时排泥场向北经白洋湾→西郭桥浜→后头巷浜至固化点固化，固化后土方采用铲运机翻至 100 t 泥驳船经京杭运河运至业主指定堆放点。

鸭脚浜：清淤土方采用排管将各段淤泥分别排至临时排泥场中，沉淀后再由 100 t 泥驳船经西塘河→黄花泾→京杭运河运至固化点固化，固化后土方采用铲运机翻至 100 t 泥驳船经京杭运河运至业主指定堆放点。

袁埂浜：清淤土方采用排管将各段淤泥分别排至方家浜临时排泥场中，沉淀后再用 100 t 泥驳船经上塘河→京杭运河运至固化点固化，固化后土方采用铲运机翻至 100 t 泥驳船经京杭运河运至业主指定堆放点。

硕房庄河：清淤土方采用排管将各段淤泥分别排至冶坊浜临时排泥场中，沉淀后再用 100 t 泥驳船经上塘河→京杭运河运至固化点固化，固化后土方采用铲运机翻至 100 t 泥驳船经京杭运河运至业主指定堆放点。

五泾浜：清淤土方采用排管将各段淤泥分别排至冶坊浜临时排泥场中，沉淀后再用 100 t 泥驳船经上塘河→京杭运河运至固化点固化，固化后土方采用铲运机翻至 100 t 泥驳船经京杭运河运至业主指定堆放点。

方家浜：清淤土方采用排管将各段淤泥分别排至临时排泥场中，沉淀后再用 100 t 泥驳船经上塘河→京杭运河运至固化点固化，固化后土方采用铲运机翻至

100 t 泥驳船经京杭运河运至业主指定堆放点。

冶坊浜:清淤土方采用排管将各段淤泥分别排至临时排泥场中,沉淀后再用100 t 泥驳船经上塘河→京杭运河运至固化点固化,固化后土方采用铲运机翻至100 t 泥驳船经京杭运河运至业主指定堆放点。

清洁河:生态清淤船清淤土方采用排管将各段淤泥分别排至山塘河临时排泥场中,沉淀后再采用泥浆泵配接力泵将淤泥输送至固化点进行固化,排管线路为从临时排泥场向北经白洋湾→西郭桥浜→后头巷浜至固化点固化,固化后土方采用铲运机翻至 100 t 泥驳船经京杭运河运至业主指定堆放点。

上塘河(含支浜):主河清淤土方采用排管将各段淤泥分别排至临时排泥场中,沉淀后再用 100 t 泥驳船经上塘河→京杭运河运至固化点固化,固化后土方采用铲运机翻至 100 t 泥驳船经京杭运河运至业主指定堆放点。支河清淤土方采用排管将各段淤泥分别排至主河临时排泥场中,沉淀后再用 100 t 泥驳船经上塘河→京杭运河运至固化点固化,固化后土方采用铲运机翻至 100 t 泥驳船经京杭运河运至业主指定堆放点。

3. 护岸施工

护岸工程可与河道清淤同时施工,护岸工程均采用干河施工。护岸施工前先通过放样定线确定护岸位置。

(1) 灌砌块石重力式挡墙护岸施工

① 土方工程

开挖土方采用 1.0 m^3 反铲挖掘机施工,多余土方就近堆放。为避免扰动地基土,预留土层厚 0.3 m,采用人工开挖。

② 混凝土浇筑:施工单位可根据实际情况采用商品混凝土或自拌混凝土,利用混凝土泵车输送混凝土或人工手推车入仓。底板为插入式振捣器和平板式振捣器振捣,其余部位为插入式振捣器振捣。

③ 浆砌块石砌筑:采用 0.4 m^3 搅拌机拌制砂浆,人工砌筑。

④ 墙后回填:土方回填采用分段施工,在相应的护岸挡墙施工完成并达到要求的强度后回填,回填土采用铲运机运输,采用蛙式夯打机分层夯实,压实度要求不小于 91%。施工前先做压实试验,验证压实质量措施为达到设计干密度值的要求。机械夯实不到位的部分采用人工夯实。

(2) 木桩护岸

木桩护岸施工采用打桩机械进行施打,施打前须拉线放样定位,所打木桩岸线及高程均需符合设计要求。

(3) 连锁块护岸

连锁块护岸施工应按照设计要求清除坡面杂草、垃圾,然后平整坡面,再浇筑格埂及超强连锁块。

4.4.5.3 2018年度河道清淤施工

1. 施工方案

参照类似工程施工经验，考虑到清淤效果、河道现状和两岸情况，本次河道清淤主要采用干河清淤为主，只有盘门内城河西端局部河段驳岸现状较差，考虑采用带水清淤。干河清淤的河道采用分段修筑围堰干河泥浆泵水力冲淤，即施工河段两端修建围堰及中间修筑分段围堰，并封堵沿线支河口干河；带水清淤采用 0.5 m^3 和 1 m^3 平齿抓斗式挖泥船带水施工；河道内杂草、杂树、沉船、大块建筑垃圾、生活垃圾的清理采用小型挖掘机开挖（人工配合）装袋外运。考虑到老驳岸、周边房屋等建筑物的安全，河道内水位须缓慢下降，在降水前须对危险段老驳岸进行支护维护，干水后须对破损老驳岸加固维修；为了减少对周围驳岸及建筑物的影响，干水施工的河道每一分段均须尽快冲淤运泥，尽量不要让河道的干水时间过长；如在施工过程中发现房屋有危险，人员须先撤离，再干河实施。各条河施工方案如下。

西塘河：本条河道施工方案采用分段修筑围堰干河泥浆泵水力冲淤，分段长度 500 m 左右（局部根据周边构筑物等实际情况适当调整子堰位置），干河泥浆泵水力冲淤分段子堰断面同主围堰。在外城河交叉口、沪宁高速南侧西塘河河道内各设置一条主围堰，沿线支河口设支河口围堰封堵。

桃坞河（西段）：该河道为临顿路以西主河段，本条河道施工方案采用分段修筑围堰干河泥浆泵水力冲淤，分段长度 100 m 左右（局部根据周边构筑物等实际情况适当调整子堰位置），干河泥浆泵水力冲淤分段子堰断面（不允许采用土围堰）由施工单位自行考虑。临顿路以西主河段在 CS1(0+000)、终点(2+031.7)处各设一条主围堰。在平门河两侧各设置一条支河口围堰封堵。

中市河：本条河道施工方案采用分段修筑围堰干河泥浆泵水力冲淤，分段长度 100 m 左右（局部根据周边构筑物等实际情况适当调整子堰位置），干河泥浆泵水力冲淤分段子堰断面（不允许采用土围堰）由施工单位自行考虑。在外城河交叉口、平门河交叉口各设置一条主围堰，在阊门内城河支河口设一条支河口围堰。

仓桥浜：本条河道施工方案采用分段修筑围堰干河泥浆泵水力冲淤，分段长度 100 m 左右（局部根据周边构筑物等实际情况适当调整子堰位置），干河泥浆泵水力冲淤分段子堰断面（不允许采用土围堰）由施工单位自行考虑。在桃坞河交叉口、中市河交叉口各设置一条主围堰。

平门河：本条河道施工方案采用分段修筑围堰干河泥浆泵水力冲淤，分段长度 100 m 左右（局部根据周边构筑物等实际情况适当调整子堰位置），干河泥浆泵水力冲淤分段子堰断面（不允许采用土围堰）由施工单位自行考虑。在外城河交叉口设主围堰。

娄江及娄江支浜：本条河道施工方案采用分段修筑围堰干河泥浆泵水力冲淤，分段长度 500 m 左右（局部根据周边构筑物等实际情况适当调整子堰位置），干河泥浆泵水力冲淤分段子堰断面同主围堰。在外城河交叉口、东端工程终点处设主围堰，外塘河支浜及东港河设支河口围堰封堵。

三星河：本条河道施工方案采用分段修筑围堰干河泥浆泵水力冲淤，分段长度 500 m 左右（局部根据周边构筑物等实际情况适当调整子堰位置），干河泥浆泵水力冲淤分段子堰断面同主围堰。在外城河交叉口、东端工程终点处设主围堰，东港河及孙家河设支河口围堰封堵。

相门塘：本条河道施工方案采用分段修筑围堰干河泥浆泵水力冲淤，分段长度 500 m 左右（局部根据周边构筑物等实际情况适当调整子堰位置），干河泥浆泵水力冲淤分段子堰断面同主围堰。在外城河交叉口、东端工程终点处设主围堰，蒋家浜、茄子浜、孙家河及徐家浜设支河口围堰封堵。

新开河：本条河道施工方案采用修筑围堰干河泥浆泵水力冲淤，在外城河交叉口、学士河交叉口各设置一条主围堰。

学士河：本条河道施工方案采用分段修筑围堰干河泥浆泵水力冲淤，分段长度 100 m 左右（局部根据周边构筑物等实际情况适当调整子堰位置），干河泥浆泵水力冲淤分段子堰断面（不允许采用土围堰）由施工单位自行考虑。在外城河交叉口、中市河交叉口各设置一条主围堰，在干将河支河口、盘门内城河支河口各设一条支河口围堰。

府前河：本条河道施工方案采用分段修筑围堰干河泥浆泵水力冲淤，分段长度 100 m 左右（局部根据周边构筑物等实际情况适当调整子堰位置），干河泥浆泵水力冲淤分段子堰断面（不允许采用土围堰）由施工单位自行考虑。在学士河交叉口、十全河交叉口各设置一条主围堰。

十全河：本条河道施工方案采用分段修筑围堰干河泥浆泵水力冲淤，分段长度 100 m 左右（局部根据周边构筑物等实际情况适当调整子堰位置），干河泥浆泵水力冲淤分段子堰断面（不允许采用土围堰）由施工单位自行考虑。在官太尉河交叉口设置一条主围堰，在苏大内河支河口设一条支河口围堰。

官太尉河：本条河道施工方案采用分段修筑围堰干河泥浆泵水力冲淤，分段长度 300 m 左右（局部根据周边构筑物等实际情况适当调整子堰位置），干河泥浆泵水力冲淤分段子堰断面（不允许采用土围堰）由施工单位自行考虑。在干将河交叉口、十全河交叉口各设置一条主围堰。

南园河：本条河道施工方案采用分段修筑围堰干河泥浆泵水力冲淤，分段长度 300 m 左右（局部根据周边构筑物等实际情况适当调整子堰位置），干河泥浆泵水力冲淤分段子堰断面（不允许采用土围堰）由施工单位自行考虑。在东端工程终点处设置一条主围堰。

二郎巷河：本条河道施工方案采用分段修筑围堰干河泥浆泵水力冲淤，分段长度 300 m 左右(局部根据周边构筑物等实际情况适当调整子堰位置)，干河泥浆泵水力冲淤分段子堰断面(不允许采用土围堰)由施工单位自行考虑。在十全河交叉口、南园河交叉口各设置一条主围堰。

葑门内城河：本条河道施工方案采用分段修筑围堰干河泥浆泵水力冲淤，分段长度 300 m 左右(局部根据周边构筑物等实际情况适当调整子堰位置)，干河泥浆泵水力冲淤分段子堰断面同主围堰。在外城河南北交叉口设置一条主围堰。

竹辉河：本条河道施工方案采用分段修筑围堰干河泥浆泵水力冲淤，分段长度 300 m 左右(局部根据周边构筑物等实际情况适当调整子堰位置)，干河泥浆泵水力冲淤分段子堰断面(不允许采用土围堰)由施工单位自行考虑。在沧浪亭河交叉口、盘门内城河交叉口各设置一条主围堰。

薛家河：本条河道施工方案采用分段修筑围堰干河泥浆泵水力冲淤，分段长度 300 m 左右(局部根据周边构筑物等实际情况适当调整子堰位置)，干河泥浆泵水力冲淤分段子堰断面(不允许采用土围堰)由施工单位自行考虑。在南园河交叉口、盘门内城河交叉口各设置一条主围堰。

苗家浜：本条河道施工方案采用分段修筑围堰干河泥浆泵水力冲淤，分段长度 300 m 左右(局部根据周边构筑物等实际情况适当调整子堰位置)，干河泥浆泵水力冲淤分段子堰断面(不允许采用土围堰)由施工单位自行考虑。在南园河交叉口、盘门内城河交叉口各设置一条主围堰。

盘门内城河：本条河道施工方案为 CS1—CS10 段采用 0.5～1 m^3 平齿抓斗式挖泥船带水施工；其他河段采用分段修筑围堰干河泥浆泵水力冲淤，分段长度 300 m 左右(局部根据周边构筑物等实际情况适当调整子堰位置)，干河泥浆泵水力冲淤分段子堰断面(不允许采用土围堰)由施工单位自行考虑。在 CS10 处、工程终点西侧各设置一条主围堰。另外轮船公司桥拓宽时需在东西两侧各设置一条主围堰，东侧主围堰考虑人行需要在围堰顶设混凝土临时道路。

西塘河(朱公桥河)：本条河道施工方案采用分段修筑围堰干河泥浆泵水力冲淤，分段长度 300 m 左右(局部根据周边构筑物等实际情况适当调整子堰位置)，干河泥浆泵水力冲淤分段子堰断面(不允许采用土围堰)由施工单位自行考虑。在外城河交叉口、大龙港交叉口各设置一条主围堰。钱塘河设支河口围堰封堵。

大龙港：本条河道施工方案采用分段修筑围堰干河泥浆泵水力冲淤，分段长度 300 m 左右(局部根据周边构筑物等实际情况适当调整子堰位置)，干河泥浆泵水力冲淤分段子堰断面同主围堰。在外城河交叉口、湄长江交叉口各设置一条主围堰。

2. 淤泥的处置与堆放

目前，苏州河道淤泥的处置均采用荒废的池塘、鱼塘、田地作为排泥场弃置，造成了大量土地浪费，而且近年来，工业园区、相城区等均已禁止淤泥在本区内堆放，且现有的排泥场周边居民对淤泥堆放的问题反映强烈，随着清淤工作的推进及城市建设的发展，周边地区淤泥的堆泥场越来越少。经过对近年实施的清淤工作进行总结，并考察了江浙多地的淤泥固化处理方案后，相关单位认为需要将清淤与淤泥处置相结合，加强淤泥清理、排放、运输、处置的全过程管理。根据各地经验，结合苏州实际情况，本次清淤考虑与2017年清淤贯通工程一致，采用清淤固化处理的方案，经减量化处理后再外运至业主指定的弃土区，施工工艺采用板框压滤脱水工艺，淤泥固化采用只掺加絮凝剂的物理固化，所掺加的絮凝剂须满足环保要求并报告业主单位，征得同意后才能使用，所排尾水均须满足环保要求，储泥池等的建设均须做好防渗防护安全措施，固化场的安装等须满足相关规范要求。固化后土方无毒、无害，满足环保要求。

(1) 淤泥固化

淤泥固化是指淤泥上岸后经过分离系统设备粒径分级减量化处理、脱水干化系统脱水干化等步骤，以达到脱水减量化要求。

① 河道淤泥经泥驳船(或管道)运送至淤泥固化点，经控源分离后，泥浆进入平衡池均混区进行均质搅拌。

② 均混后淤泥泥浆通过渣浆泵送入旋流浓缩系统，通过水力旋流浓缩作用浓缩泥浆，浓缩后的底流进入待压池调理；溢流进入梯度浓密系统，进行深层次的浓密。

③ 浓缩后的淤泥泵送至待压池待压，上层出水须进入尾水净化池处理后达标排放。

④ 待压池泥浆经药剂调理后通过板框压滤机高效脱水，压滤成泥饼，压滤尾水须处理后达标排放。

2018年度工艺流程图与2017年度一致，2017年清淤贯通工程固化施工现场情况见图4.63—图4.65。

(2) 固化点的选择

通过与建设部门沟通，本次固化点为临时布置，固化点利用2017年清淤贯通工程的固化点场地，位于西环路以西、鹿山路以北、金业街高架以南、京杭运河以西的江苏(苏州)国际铁路物流中心地块内(位置见图4.66)。固化用接电箱变由业主提供(利用2017年清淤贯通工程500 kVA/台箱变，现场共6台)，固化点场地建设包括设备安装、沉淀池及调节池的开挖设置、临时道路修建等，均由施工单位自行负责建设，工程结束后由施工单位恢复原样(拆除硬化地坪、围栏等)。固化后土方弃土场由业主指定，固化后土方按堆高2.5 m计算，需临时弃土区104亩。

图 4.63　2017 年清淤贯通工程固化场实景

图 4.64　2017 年清淤贯通工程固化施工现场车间

图 4.65　2017 年清淤贯通工程固化后的泥饼

图 4.66　临时固化点位置示意图

(3) 运泥方案

西塘河:清淤土方采用排管将各段淤泥分别排至沪宁高速北西塘河临时停靠泥驳船上(泥浆沉淀用),沉淀后转 100 t 泥驳船经西塘河→黄花泾→京杭运河运至固化点固化,固化后土方采用铲运机翻至 100 t 泥驳船经京杭运河运至弃土点。

桃坞河(西段):临顿路以西主河段清淤土方采用排管将各段淤泥分别排至西端外城河临时停靠泥驳船上(泥浆沉淀用),沉淀后转 100 t 泥驳船经外城河→上塘河→京杭运河运至固化点固化,固化后土方采用铲运机翻至 100 t 泥驳船经京杭运河运至弃土点。

中市河:清淤土方采用排管将各段淤泥分别排至西端外城河临时停靠泥驳船上(泥浆沉淀用),沉淀后转 100 t 泥驳船经外城河→上塘河→京杭运河运至固化点固化,固化后土方采用铲运机翻至 100 t 泥驳船经京杭运河运至弃土点。

仓桥浜:清淤土方采用排管将各段淤泥分别排至西端外城河临时停靠泥驳船上(泥浆沉淀用),沉淀后转 100 t 泥驳船经外城河→上塘河→京杭运河运至固化点固化,固化后土方采用铲运机翻至 100 t 泥驳船经京杭运河运至弃土点。

平门河:清淤土方采用排管将各段淤泥分别排至北端外城河临时停靠泥驳船上(泥浆沉淀用),沉淀后转 100 t 泥驳船经外城河→上塘河→京杭运河运至固化点固化,固化后土方采用铲运机翻至 100 t 泥驳船经京杭运河运至弃土点。

娄江及娄江支浜:清淤土方采用排管将各段淤泥分别排至西端外城河临时停靠泥驳船上(泥浆沉淀用),沉淀后转 100 t 泥驳船经外城河→上塘河→京杭运河运至固化点固化,固化后土方采用铲运机翻至 100 t 泥驳船经京杭运河运至弃土点。

三星河：清淤土方采用排管将各段淤泥分别排至西端外城河临时停靠泥驳船上（泥浆沉淀用），沉淀后转 100 t 泥驳船经外城河→上塘河→京杭运河运至固化点固化，固化后土方采用铲运机翻至 100 t 泥驳船经京杭运河运至弃土点。

相门塘：清淤土方采用排管将各段淤泥分别排至西端外城河临时停靠泥驳船上（泥浆沉淀用），沉淀后转 100 t 泥驳船经外城河→上塘河→京杭运河运至固化点固化，固化后土方采用铲运机翻至 100 t 泥驳船经京杭运河运至弃土点。

新开河：清淤土方采用排管将淤泥排至西端外城河临时停靠泥驳船上（泥浆沉淀用），沉淀后转 100 t 泥驳船经外城河→上塘河→京杭运河运至固化点固化，固化后土方采用铲运机翻至 100 t 泥驳船经京杭运河运至弃土点。

学士河：清淤土方采用排管将各段淤泥分别排至西端外城河临时停靠泥驳船上（泥浆沉淀用），沉淀后转 100 t 泥驳船经外城河→上塘河→京杭运河运至固化点固化，固化后土方采用铲运机翻至 100 t 泥驳船经京杭运河运至弃土点。

府前河：清淤土方采用排管将各段淤泥分别排至西端外城河临时停靠泥驳船上（泥浆沉淀用），沉淀后转 100 t 泥驳船经外城河→上塘河→京杭运河运至固化点固化，固化后土方采用铲运机翻至 100 t 泥驳船经京杭运河运至弃土点。

十全河：清淤土方采用排管将各段淤泥分别排至东端外城河临时停靠泥驳船上（泥浆沉淀用），沉淀后转 100 t 泥驳船经外城河→上塘河→京杭运河运至固化点固化，固化后土方采用铲运机翻至 100 t 泥驳船经京杭运河运至弃土点。

官太尉河：清淤土方采用排管将各段淤泥分别排至东端外城河临时停靠泥驳船上（泥浆沉淀用），沉淀后转 100 t 泥驳船经外城河→上塘河→京杭运河运至固化点固化，固化后土方采用铲运机翻至 100 t 泥驳船经京杭运河运至弃土点。

南园河：清淤土方采用排管将各段淤泥分别排至东端外城河临时停靠泥驳船上（泥浆沉淀用），沉淀后转 100 t 泥驳船经外城河→上塘河→京杭运河运至固化点固化，固化后土方采用铲运机翻至 100 t 泥驳船经京杭运河运至弃土点。

二郎巷河：清淤土方采用排管将各段淤泥分别排至东端外城河临时停靠泥驳船上（泥浆沉淀用），沉淀后转 100 t 泥驳船经外城河→上塘河→京杭运河运至固化点固化，固化后土方采用铲运机翻至 100 t 泥驳船经京杭运河运至弃土点。

葑门内城河：清淤土方采用排管将各段淤泥分别排至南端外城河临时停靠泥驳船上（泥浆沉淀用），沉淀后转 100 t 泥驳船经外城河→胥江→京杭运河运至固化点固化，固化后土方采用铲运机翻至 100 t 泥驳船经京杭运河运至弃土点。

竹辉河：清淤土方采用排管将各段淤泥分别排至西端外城河临时停靠泥驳船上（泥浆沉淀用），沉淀后转 100 t 泥驳船经外城河→上塘河→京杭运河运至固化点固化，固化后土方采用铲运机翻至 100 t 泥驳船经京杭运河运至弃土点。

薛家河：清淤土方采用排管将各段淤泥分别排至西端外城河临时停靠泥驳船上(泥浆沉淀用)，沉淀后转 100 t 泥驳船经外城河→上塘河→京杭运河运至固化点固化，固化后土方采用铲运机翻至 100 t 泥驳船经京杭运河运至弃土点。

苗家浜：清淤土方采用排管将各段淤泥分别排至西端外城河临时停靠泥驳船上(泥浆沉淀用)，沉淀后转 100 t 泥驳船经外城河→上塘河→京杭运河运至固化点固化，固化后土方采用铲运机翻至 100 t 泥驳船经京杭运河运至弃土点。

盘门内城河：带水清淤土方由 5 t 泥驳船经学士河→学士河南端外城河交汇处的中转点，再由 100 t 泥驳船经外城河→胥江→京杭运河运至固化点固化，固化后土方采用铲运机翻至 100 t 泥驳船经京杭运河运至弃土点。干河清淤土方采用排管将各段淤泥分别排至西端外城河临时停靠泥驳船上(泥浆沉淀用)，沉淀后转 100 t 泥驳船经外城河→胥江→京杭运河运至固化点固化，固化后土方采用铲运机翻至 100 t 泥驳船经京杭运河运至弃土点。

西塘河(朱公桥河)：清淤土方采用排管将各段淤泥分别排至北端外城河临时停靠泥驳船上(泥浆沉淀用)，沉淀后转 100 t 泥驳船经外城河→胥江→京杭运河运至固化点固化，固化后土方采用铲运机翻至 100 t 泥驳船经京杭运河运至弃土点。

大龙港：清淤土方采用排管将各段淤泥分别排至北端外城河临时停靠泥驳船上(泥浆沉淀用)，沉淀后转 100 t 泥驳船经外城河→胥江→京杭运河运至固化点固化，固化后土方采用铲运机翻至 100 t 泥驳船经京杭运河运至弃土点。

河道内杂草、杂树、沉船、大块建筑垃圾、生活垃圾的清理采用小型挖掘机开挖(人工配合)装袋后，采用吊机吊到小卡车短驳 500 m 左右，然后采用吊机转至 10 t 汽车外运至附近的具备吊装条件的桥梁、码头处(由施工单位根据河道所处地理位置、周边环境实际情况自行选择，并报业主确认)，再采用吊机转至 100～200 t 泥驳船外运至弃土点。

4.4.6 施工布置

工程主要施工临时设施有：施工临时生产、生活办公房以及钢筋堆放场地和加工厂、临时固化点等，就近布置。

本次工程位于老河道上，建筑施工为河道清淤、桥梁施工。施工场地包括施工办公及生活区、砂石料堆场、工器具堆场、燃料及配件仓库等。施工现场可布置在建筑物周边的空地上，按照有利生产、方便生活、易于管理、安全可靠的原则进行工场布置。

(1) 施工道路

清淤施工对外连接主要依靠水陆路，淤泥固化位置可沿周边修筑便道与附近市道路连接。护岸施工可沿河岸修筑便道与附近市政道路连接。施工便道采用 5 m 宽道砟路面，共 1 350 m。

(2) 办公生活区

为满足施工生产和管理需要，须设置施工办公区。根据工区内实际情况，办公生活区可租用附近民房。生活区内垃圾集中收集、外运，生活污水应配备适当的污水处理设施，不可直接排入河道水体。

(3) 砂石料场

施工区位于城区范围，多采用商品混凝土，不需要大规模砂石料场，零星砂石料可就近堆放在施工区内，或施工区周边的空地上，堆放时须满足市容管理等要求。

(4) 仓库

仓库主要放置施工机械备品配件、动力燃料等，属临时堆放，须满足职业卫生及消防安全规范要求。

4.5 清淤效益评价

苏州市城市中心区清淤贯通工程是苏州市中心城区清水工程的“五大”任务之一。清淤贯通工程分两年实施，结合清水工程中的其他项目及其他环境改善工程可以强化提升苏州城区水环境质量，适应苏州经济新常态，助推“青山绿水，小桥流水，水清可渔，水美怡人”城市品牌的彰显。因此，工程效益覆盖面广，经济、社会、环境等各个方面都将获益良多。

4.5.1 经济效益

(1) 水环境效益：本期河道清淤工程完成后，将使城市中心区河网水系产生两个明显的改变。一方面，增加了城市中心区的水环境容量，去除污染物，使区内河网水质得到不同程度的改善，初步计算挖除污染的底泥、杂草、杂树、沉船、大块建筑垃圾、生活垃圾后可增加水体体积约 33.6 万 m^3；另一方面，增大了清淤河道的过水面积，使得河道断面过水流量有不同程度的增加，水动力条件得到改善。水环境容量的增加使得水体承受污染负荷的能力提高，从而减轻对污水处理削减率的压力，降低污水处理费用。

(2) 排涝效益：河道清淤能有效沟通河道河网，增强河道调蓄能力，提高河道过水能力，配合其他排涝动力，可保证城市涝水顺利排出，确保防洪、排涝安全，减少因洪涝灾害造成的经济损失。

4.5.2 社会效益

本工程实施后，其效益除以上可量化的直接效益外，还体现在社会、环境效益上，主要有：

（1）河网水体水质改善明显，水体感观质量提升，沿河再现水清景美的江南水乡秀丽风光，苏州水城文化和品位进一步提升；

（2）该工程实施后配合其他工程使排水通畅、河水变清、环境变好，与环城河周边景致、人居环境相融合，突出水文化建设，开发水域空间的景观与休闲娱乐功能，彰显江南水乡风韵，促进当地旅游业发展。

第5章 苏州市河道淤泥综合处置

5.1 淤泥处置背景与意义

5.1.1 淤泥处置背景

苏州市河湖资源丰富，拥有各级河道21 879条，总长度为1 637.51 km；大小湖泊353个，湖泊水域面积2 197.838 km^2。由于雨水冲刷、水土流失、污染物流入、泥浆倾倒等原因，河湖淤积情况日趋严重，已成为影响"水资源供给、水安全保障、水环境质量"的重要因素。

苏州市委市政府高度重视水环境的保护和改善，并于近年提出了"四个百分百"的目标，即"百分百实现污水入河截流，百分百实行河道清淤，百分百消除断头河，百分百达到河道保洁全覆盖"，明确了苏州市实施河道水环境保护及清淤工程的目标任务。同时为贯彻落实国务院《太湖流域水环境综合治理总体方案》《江苏省太湖流域水环境综合治理实施方案》，以及《苏州市水污染防治行动方案》《苏州市城镇黑臭水体整治行动方案》等对河湖清淤工作的要求，全市加大河湖底泥清除力度，年均清淤量1 985.5万 m^3（2011—2016年平均值）。常规的淤泥处置方式存在占用大量土地资源、不易干化、易发生环境风险等问题，淤泥能否及时有效地处理处置已成为制约河道清淤工程项目顺利实施的重要因素。常规淤泥处理处置存在的主要问题如下。

（1）占用大量土地资源

清淤淤泥传统的堆填处理方法会长时间占用大量的土地资源（按平均每平方米堆淤泥3 m计，2 000 m^3淤泥就需1亩用地）。目前苏州地区淤泥堆场缺乏的问题愈发严重，姑苏区、工业园区等已基本无可用的堆放场地；由于堆泥场地紧张，场地使用费用昂贵等，淤泥长期占用土地的问题成了影响清淤工程效率和经济性的重要因素，在苏州这种人口密集、经济发达的地区，这一矛盾更加突出。

（2）自然状态下不易干化

淤泥中往往含有大量的有机质等，在自然状态下不易干化。相关的工程案例表明，清淤淤泥经三年堆放后，表面虽呈现干燥状态，但内部仍然含有大量的间隙水，底部仍基本呈现为"稀泥"状态。在自然状态下若淤泥堆放较高，则底部极难干化，对后续的处理处置或减容再利用等将产生较严重的影响。

（3）对环境造成不利影响

淤泥中可能会含有一定的杂质及污染物质，且底层淤泥通常处于厌氧状态，易厌氧发酵产生臭味，可能会对周边环境造成不良影响，从而使得周边居民对淤泥堆放颇有意见，因此加快实施淤泥综合处置势在必行。

（4）河道淤积速率加快

目前，部分城市垃圾、废水、建筑泥浆和河道淤泥等废弃物在运输及处理处置过程中存在“偷排、漏排”入河、违法倾倒等问题，给河道治理带来严峻考验，加之水土流失、面源污染等随降雨入河，导致河道淤积速率过快、淤积严重。有调查显示，苏州城区河道中70%以上数量的河道淤积速率大于10 cm/a，过快的淤积速率导致每年有大量的清淤淤泥产生。

综上所述，清淤淤泥的合理处置已成为解决淤泥堆放占用大量土地资源，造成环境风险等问题的必然途径。为探索淤泥处理处置的新思路，本书结合已实施的处理处置工作，特针对苏州市河道清淤淤泥综合处置进行专题研究，提出相应的解决措施。

5.1.2 淤泥处置意义

苏州市河道清淤淤泥合理处理处置是太湖流域水环境治理的重要内容，是践行“263”专项行动方案的重要组成部分，有利于缓解淤泥堆放的土地压力，对促进苏州地区环境质量改善、推进生态文明建设具有重要的意义。

（1）是太湖流域水环境治理的重要内容

随着《江苏省“十三五”太湖流域水环境综合治理行动方案》（苏政办发〔2017〕11号）（以下简称《行动方案》）的发布，江苏省“十三五”时期对太湖流域水环境的治理又提出了新的要求。《行动方案》中明确提出实施淤泥综合利用，积极推广河湖淤泥“疏浚—运输—处置—资源化利用”一体化示范工程，推进河湖淤泥与干化土在农业种植、土地修复、园林绿化、填方建材等方面的综合利用。苏州市河道淤泥综合处置是《行动方案》的重要内容。

（2）是“263”专项行动方案的重要内容

根据《江苏省“两减六治三提升”专项行动实施方案》（苏政办发〔2017〕30号）（以下简称“263”专项行动方案）中《太湖水环境治理专项行动实施方案》的要求，推进清淤疏浚等河道整治与管理措施，推进河湖淤泥及干化土在农业种植、土地修复、园林绿化、填方建材等方面的综合利用，积极推广示范工程，提高资源化利用率。

（3）是苏州市生态文明建设的重要组成部分

苏州市委市政府高度重视苏州市生态文明建设，近年来苏州市大力推进水环境治理，深入实施生态修复工程等，目前实现了省生态文明建设工程年度考核“四连冠”。2017 年苏州市出台了《苏州市生态文明建设“630”行动计划》(以下简称《行动计划》)，提出要加强环境整治和生态修复，河道水环境治理及淤泥的处理处置是其重要内容之一，合理处理处置淤泥有利于解决苏州市河道清淤推进率问题，对推进苏州市生态文明建设具有重要的意义。

(4) 是建设生态宜居城市的必然要求

党的十九大中提出“加快生态文明体制改革，建设美丽中国”，这就为各地进一步抓好生态建设创造了新的机遇，也对推进生态文明建设、打造良好的生态宜居环境提出了更加艰巨的任务和更高的要求。苏州市是水利部全国首批水生态文明建设试点市之一，河道水环境作为水生态文明建设的一个重要组成部分，清淤及淤泥处置情况直接关系到河道水环境能否得到改善。根据轮浚计划，苏州每年都会有大量的清淤淤泥产生，淤泥中污染物堆放及臭味等问题，给周边居民生活带来一定困扰，合理处理处置淤泥是能否建设好生态宜居城市的必然要求。

5.2 处置目标及思路

5.2.1 处置目标

按照“减量化、无害化、资源化”的原则，大力推进淤泥脱水干化能力建设，积极推进淤泥的资源化利用，构建清淤淤泥的长效管理机制，完善政府监管工作机制，促进循环经济和生态文明建设。

通过还田、还林、园林绿化、护岸建设、制建材以及回填至洼地等多种方式尽可能就近就地处理及消纳清淤淤泥，力争实现 100%的处理处置。

5.2.2 处置原则

(1) “减量化、无害化、资源化”的原则

河道淤泥的处理处置应按照“减量化、无害化、资源化”的原则，以降低源头产量和减少淤泥的体积为基础，以无害化安全处置为目标，以资源化综合利用为最终的处置出路，通过“三化”处置，实现河道淤泥的综合处置。

(2) 监测分析、满足标准的原则

淤泥的综合处置方式需根据底泥的污染情况和相关标准要求综合确定，确保底泥中污染物的含量满足不同综合处置或利用方式的相关标准规范要求，避免因底泥中污染成分超标而造成影响。

(3) 因地制宜、分类处置的原则

淤泥的综合处置受地区的淤泥量、场地条件、淤泥的类型、淤泥的综合利用条件等多种因素影响，因此淤泥的处理处置方式应根据不同地区的淤泥量、处置条件等因素因地制宜地综合考虑；此外，同一个地区的城区河道和农村河道淤泥情况也不尽相同，因此，淤泥处置可按照城区河道和农村河道的不同情况区别对待，以确保淤泥的综合处置方式更具有针对性和适应性。

(4) 统筹考虑、综合比选的原则

淤泥处理处置的工艺技术很多，但每种工艺技术的类型、投资及运行成本等关键因素不尽相同，因此应根据不同工艺技术的特点，结合淤泥及各地区的条件，综合评估其实用性、经济性、可行性，确保所选的工艺技术具有针对性和适用性，以实现成本、效果的最优化。

(5) 属地管理、地方负责的原则

各市(区)人民政府需落实淤泥处理处置的主体责任，负责辖区内清淤淤泥的处理处置及综合利用工作，规划清淤淤泥的消纳处置场所和临时归集点，积极推行清淤淤泥资源化利用工作，解决本地区内的淤泥最终去向问题。

5.2.3 处置思路

根据苏州市"十三五"期间的清淤计划，按照淤泥综合处置原则，结合淤泥中污染物的含量、苏州市各地区淤泥的处置条件以及现有的淤泥处置方式等，根据成本费用分析，在符合相关标准规范的基础上，建议清淤淤泥优先考虑还田、还林农用(农用时优先采用农村河道的淤泥)；剩余的淤泥进行脱水干化，考虑园林绿化、河道堤岸护坡建设、淤泥制建材、做交通路基、宕口及低洼地(废弃取土场)回填等，多措并举地提高淤泥的资源化利用率，解决淤泥最终出路问题。

5.2.4 技术路线

按照淤泥综合处置的目标、处置思路和处置原则，提出苏州市淤泥综合处置的技术路线，具体如图 5.1 所示。

5.3 淤泥污染物监测分析

5.3.1 监测方案

5.3.1.1 监测依据

(1)《环境监测》(第四版)；

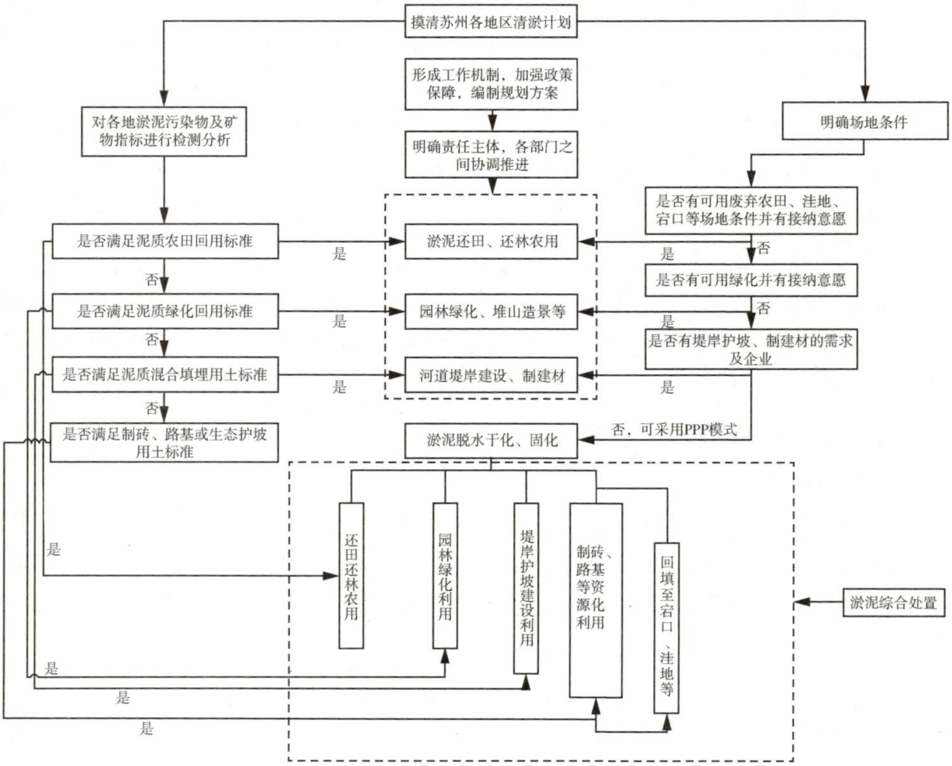

图 5.1　技术路线图

(2)《水和废水监测分析方法》(第四版)；

(3)《土壤环境监测技术规范》(HJ/T 166—2004)；

(4)《土壤环境质量标准》(GB 15618—1995)；

(5)《农用污泥污染物控制标准》(GB 4284—2018)；

(6)《城镇污水处理厂污泥处置　园林绿化用泥质》(GB/T 23486—2009)；

(7)《城镇污水处理厂污泥处置　土地改良用泥质》(GB/T 24600—2009)；

(8)《城镇污水处理厂污泥处置　混合填埋用泥质》(GB/T 25031—2009)；

(9)《城镇污水处理厂污泥处置　制砖用泥质》(GB/T 25031—2010)；

(10)《城镇污水处理厂污泥处置　农用泥质》(CJ/T 309—2009)；

(11) 其他相关的技术规范、标准等。

5.3.1.2　监测指标

(1) 营养盐指标：总氮(TN)、总磷(TP)、总钾、有机质；

(2) 重金属指标：Cr、Ni、Cu、Zn、Pb、Cd、As、Hg、B；

(3) 理化指标：含水率、pH；

(4) 有机污染物指标：矿物油、苯并(a)芘、可吸附有机卤化物(以 Cl^- 计)、多氯联苯、挥发酚、总氰化物；

(5) 岩土指标：淤泥的粒径分级、塑性指数；

(6) 其他指标：SiO_2、Al_2O_3、Fe_2O_3、CaO、MgO、SO_3。

5.3.1.3 监测范围

根据2017—2018年实施清淤的河道，以姑苏区为重点，辐射苏州的其他市(区)；考虑到城市河道与农村河道底泥中相关污染物的含量可能存在差异，因此底泥采样按照城市河道和农村河道进行区分。

5.3.1.4 监测布点

在河道宽度方向：河道水面宽度≤50 m时，设置一道中泓垂线；水面宽度在50～100 m时，在左右岸有明显水流处各设置一条垂线；水面宽度在100 m以上时，设左、中、右三条垂线(中泓、左、右有明显水流处)。

在河道长度方向：河道长度≤1 000 m时，选择河道中心位置为监测断面；河道长度在1 000～2 000 m时，在河道总长的三分之一位置设置监测断面；河道长度>2 000 m时，在河道总长的四分之一位置设置断面。

在河道深度方向：根据相关的技术规范及各河道底泥的淤积速度(0.1～0.39 m/a)，初步考虑采集表层10 cm的淤泥进行监测，以反映底泥的污染程度。

根据布点原则，采样点应避开底质沉积不稳定、易受搅动及表层水草茂盛处。

以姑苏区为例，其监测点位的布置如图5.2所示。

5.3.2 监测结果及分析

5.3.2.1 姑苏区监测结果及分析

姑苏区河道底泥外观均呈现黑黄色、灰黑色或黑色，有一定的异味，泥质大都呈弱碱性。将各指标监测结果与《土壤环境质量标准》(GB 15618—1995)、《农用污泥污染物控制标准》(GB 4284—2018)、《城镇污水处理厂污泥处置　农用泥质》(CJ/T 309—2009)、《城镇污水处理厂污泥处置　园林绿化用泥质》(GB/T 23486—2009)、《城镇污水处理厂污泥处置土地改良泥质》(GB/T 24600—2009)、《城镇污水处理厂污泥处置　混合填埋用泥质》(GB/T 25031—2009)，以及《城镇污水处理厂污泥处置　制砖用泥质标准》(GB/T 25031—2010)进行对比分析，以判断姑苏区淤泥资源化利用时监测指标是否满足相关标准。挥发酚、苯并(a)芘和多氯联苯在姑苏区的各监测点位中均未检出，其他指标的具体检测结果如下。

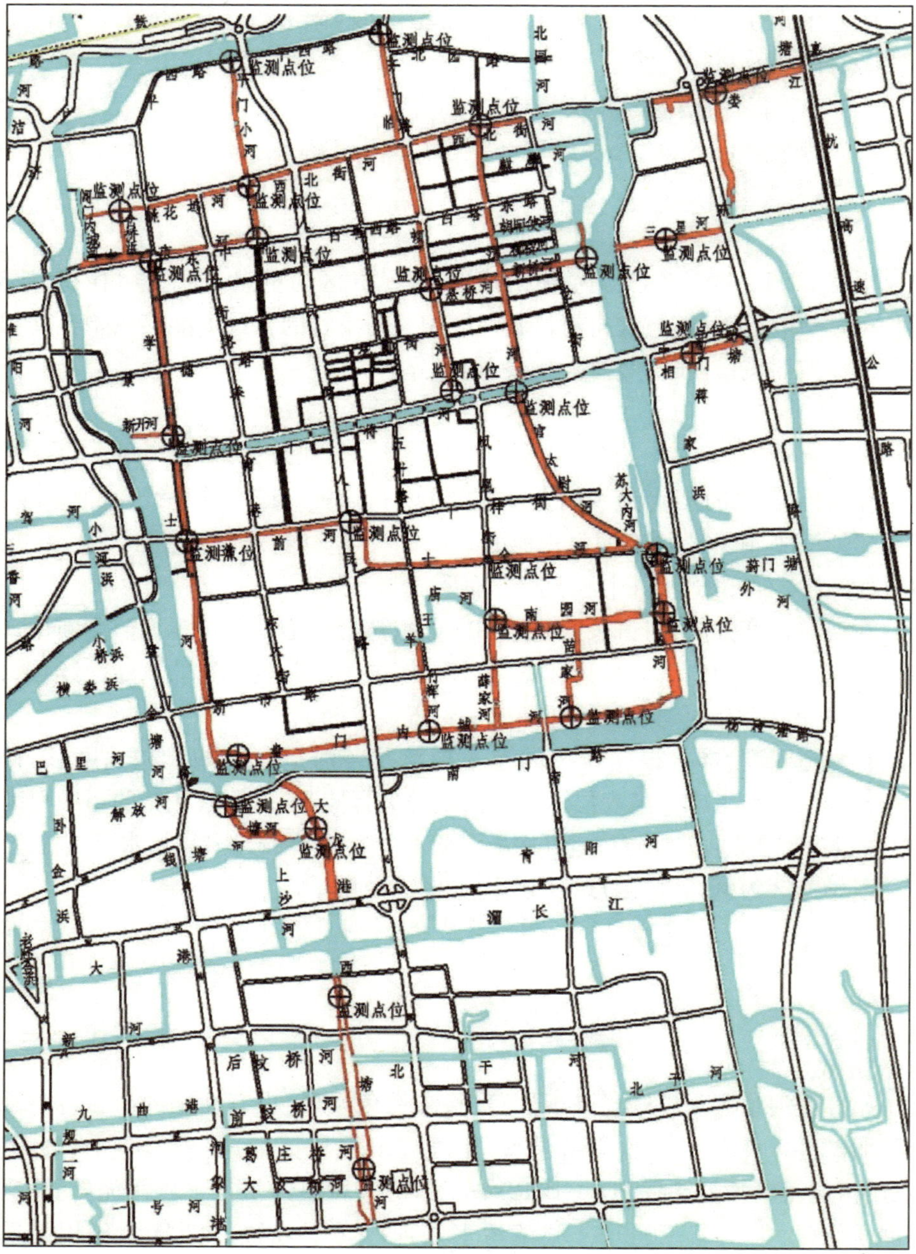

图 5.2　姑苏区 2018 年清淤河道及监测点位示意图

(1) pH

pH 检测结果如图 5.3 所示。以《土壤环境质量标准》(GB 15618—1995)中的二级标准为依据,pH 监测值达标率为 80%,以《城镇污水处理厂污泥处置　园林绿化用泥质》(GB/T 23486—2009)的酸性土壤淤泥园林绿化利用标准为依据，pH 监测值达标率为 82%，若直接用于园林绿化时需要进行适当的预处理。

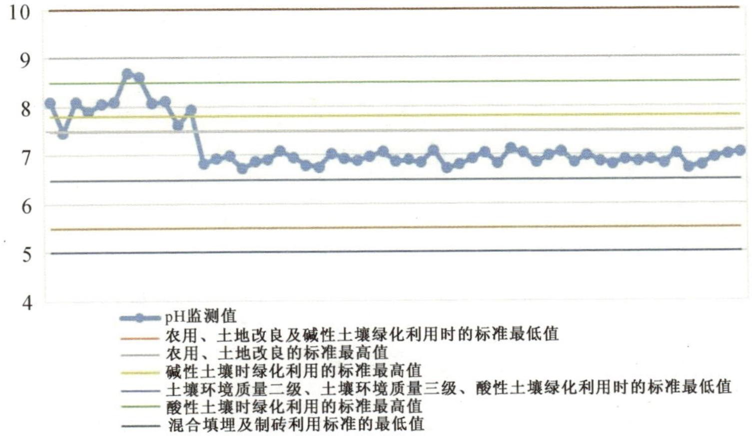

图 5.3　pH 值监测值与标准对比情况

(2) 铜

铜检测结果如图 5.4 所示。以《土壤环境质量标准》(GB 15618—1995)中二级标准为依据，铜监测值达标率为 76.4%，对比发现阊门内城河河道铜的监测值超出 A 级农用利用及《土壤环境质量标准》(GB 15618—1995)中的三级标准，该河道淤泥农用时，需要首先进行固化稳定化处理，确保符合相关标准后才能采用淤泥农用等资源化方式。

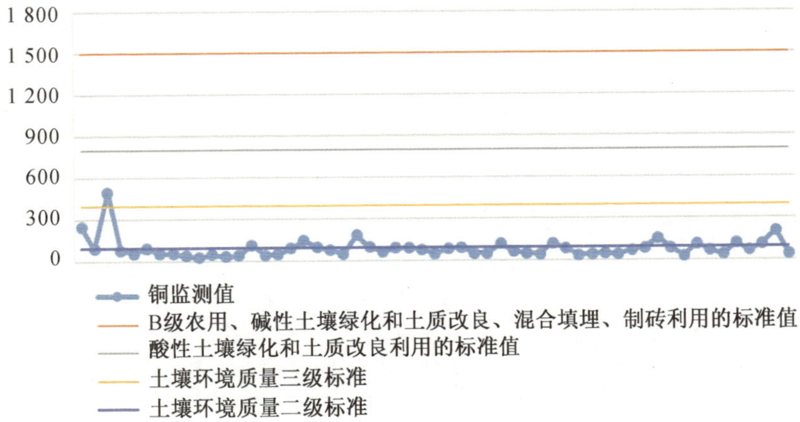

图 5.4　铜监测值(mg/kg)与标准对比情况

(3) 锌

锌检测结果如图 5.5 所示。以《土壤环境质量标准》(GB 15618—1995)中二级标准为依据，锌监测值达标率为 96.4%，锌各点位的监测值与其余各标准对比后无超标现象，除二级农用外，符合其他资源化利用的要求。

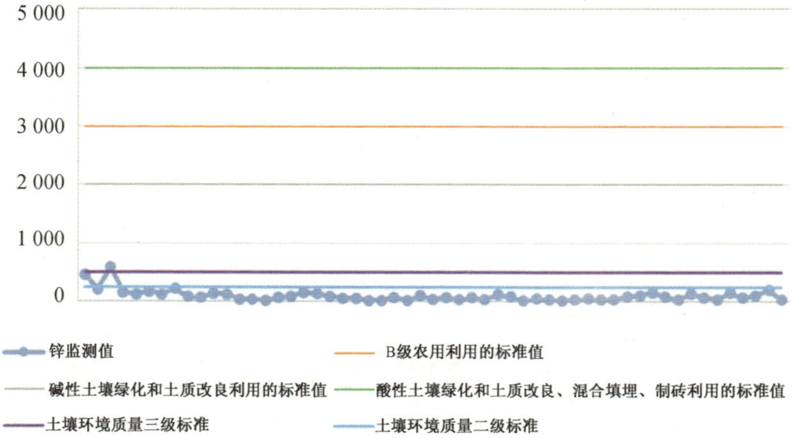

图 5.5　锌监测值(mg/kg)与标准对比情况

(4) 铅

铅检测结果如图 5.6 所示。以《土壤环境质量标准》(GB 15618—1995)中二级标准为依据，铅监测值达标率为 96.4%，同时，对比发现平门小河和阊门内城河河道的铅监测值出现了超过了 A 级农用、酸性土壤绿化和酸性土壤土质改良用泥以及淤泥制砖的利用标准情况，这些河道淤泥若作为 A 级农用、酸性土壤绿化和酸性土壤土质改良用泥时，需要首先进行固化稳定化处理，确保符合相关标准后才能进行淤泥 A 级农用等资源化利用。

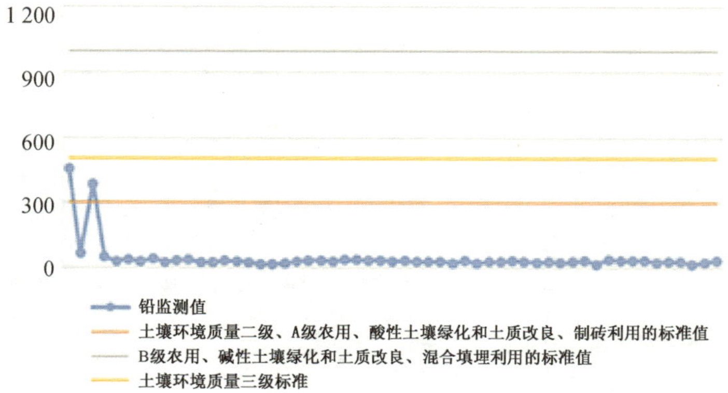

图 5.6　铅监测值(mg/kg)与标准对比情况

(5) 镉

镉检测结果如图 5.7 所示。以《土壤环境质量标准》(GB 15618—1995)中二级标准为依据，镉监测值达标率为 73%，以《土壤环境质量标准》(GB 15618—

1995)中三级标准为依据，镉监测值达标率为 93%，此外，1 个点位的监测值超过 A 级农用标准值，与其余标准对比后发现无超标现象，因此除农用资源化利用外，符合其他资源化利用的要求。

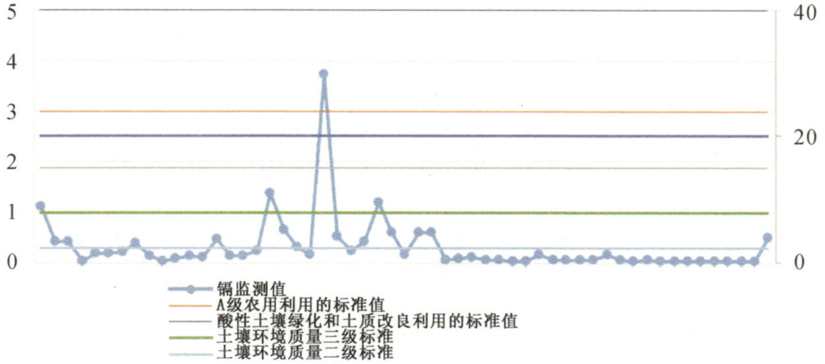

图 5.7 镉监测值(mg/kg)与标准对比情况

(6) 镍

镍检测结果如图 5.8 所示。以《土壤环境质量标准》(GB 15618—1995)中二级标准为依据，镍监测值达标率为 96.4%，镍各点位的监测值与其余标准对比后发现无超标现象，除二级农用外，符合其他资源化利用的要求。

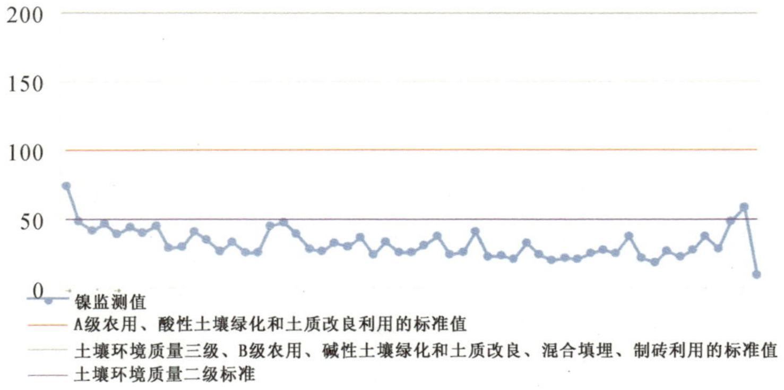

图 5.8 镍监测值(mg/kg)与标准对比情况

(7) 铬

铬检测结果如图 5.9 所示。铬各点位的监测值与各标准对比后发现无超标现象，且各点位的监测结果稳定在 150 mg/kg 以下，总铬的所有监测值远低于标准值，符合相关资源化利用的要求。

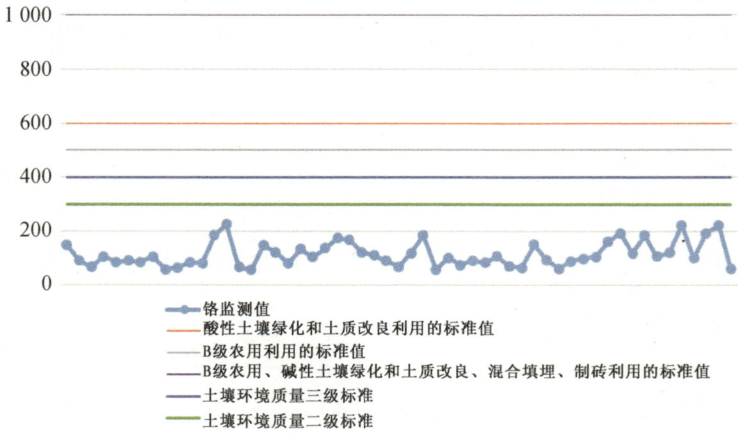

图 5.9　铬监测值(mg/kg)与标准对比情况

(8) 砷

砷检测结果如图 5.10 所示。对比发现阊门内城河河道的砷监测值超过《土壤环境质量标准》(GB 15618—1995)中二级标准及 A 级农用利用的标准值,该河道淤泥若要还田农用需先进行固化稳定化处理。其余各点位的砷监测值与各标准对比后发现无超标现象,所有点位的监测值均低于园林绿化、土质改良、混合填埋和制砖利用的标准值,符合相关资源化利用的要求。

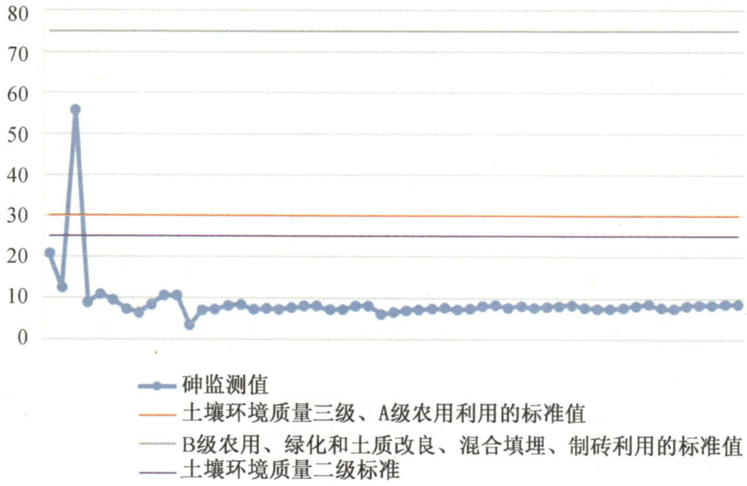

图 5.10　砷监测值(mg/kg)与标准对比情况

(9) 汞

汞检测结果如图 5.11 所示。以《土壤环境质量标准》(GB 15618—1995)中二级标准为依据,汞监测值达标率为 96.4%,汞各点位的监测值与其余标准对比后发现无超标现象，除二级农用外，符合其他资源化利用的要求。

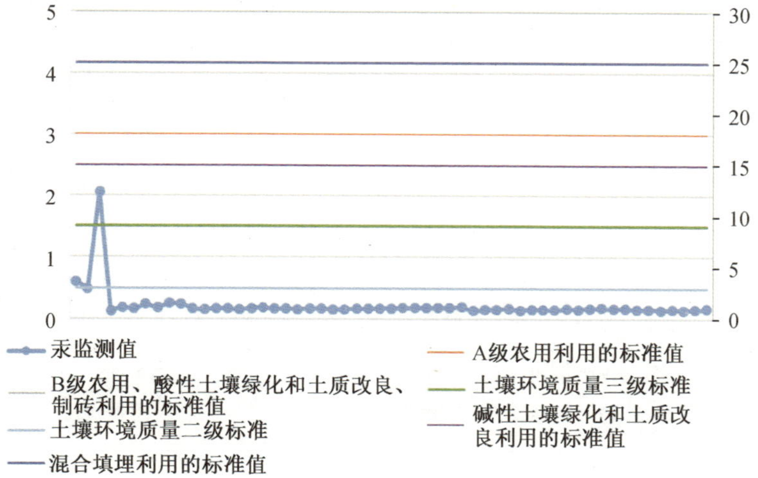

图 5.11　砷监测值(mg/kg)与标准对比情况

(10) 矿物油

矿物油检测结果如图 5.12 所示。各点位的监测结果稳定在 25 mg/kg 以下，矿物油指标的所有监测值远低于标准值，符合相关资源化利用的要求。

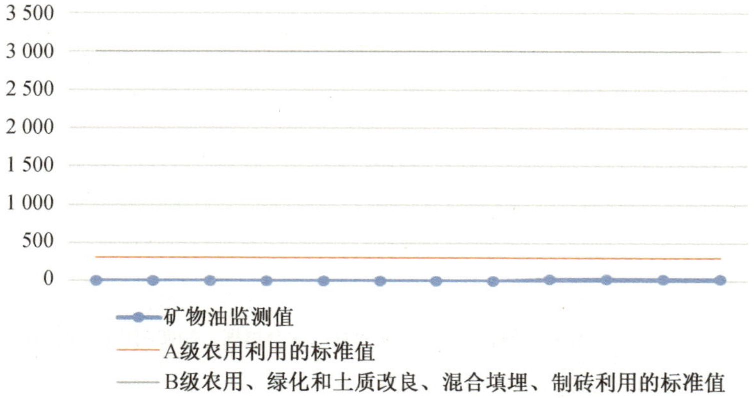

图 5.12　矿物油监测值(mg/kg)与标准对比情况

(11) 可吸附有机卤素

可吸附有机卤素检测结果如图 5.13 所示。可吸附有机卤素各点位的监测值与各标准对比后发现无超标现象，且各点位的监测结果稳定在 0.06 mg/kg 以下，所有监测值远低于标准值，符合相关资源化利用的要求。

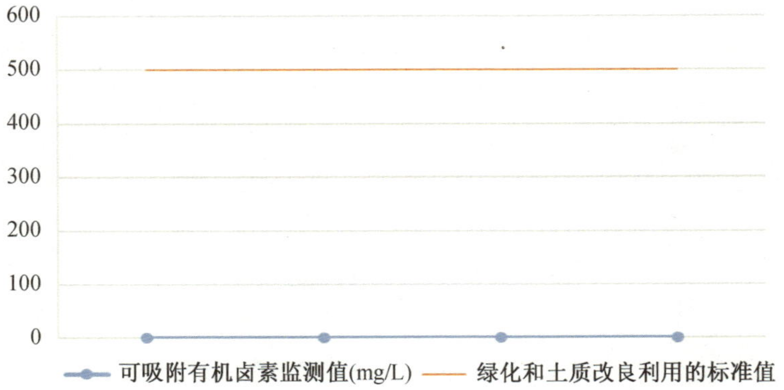

注：淤泥农用、混合填埋和制砖的标准中未对此项污染物有要求。

图 5.13　可吸附有机卤素监测值(mg/kg)与标准对比情况

(12) 总氰化物

总氰化物各点位的监测值与各标准对比后发现无超标现象，且各点位的监测结果稳定在 0.18 mg/kg 以下，总氰化物指标的所有监测值远低于标准值，符合相关资源化利用的要求。

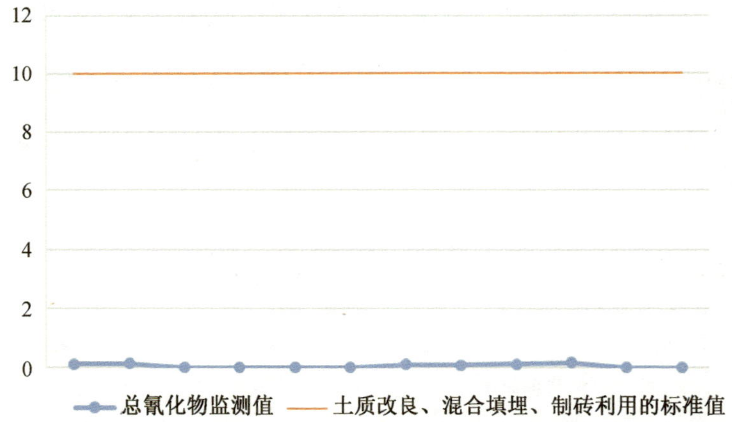

注：淤泥农用及园林绿化的标准中未对此项污染物有要求。

图 5.14　总氰化物监测值(mg/L)与标准对比情况

5.3.2.2　其他市(区)监测结果及分析

考虑到矿物油、可吸附有机卤素及总氰化物在姑苏区监测值均很低，挥发酚、苯并(a)芘和多氯联苯在姑苏区均未检出，因此在其他区(县)监测时暂未考虑这些指标。

(1) pH

pH 检测结果如图 5.15 所示。对比发现农村河道所有监测点位的 pH 监测值均在各项资源化利用方式的标准值范围内,符合相关资源化利用的要求。

城市河道中相城区西塘河,吴中区板桥内河,太仓市塘泾河、吴塘以及昆山市里黄河的 pH 监测值略超过园林绿化的标准,淤泥若直接用于园林绿化时需要进行适当的预处理。

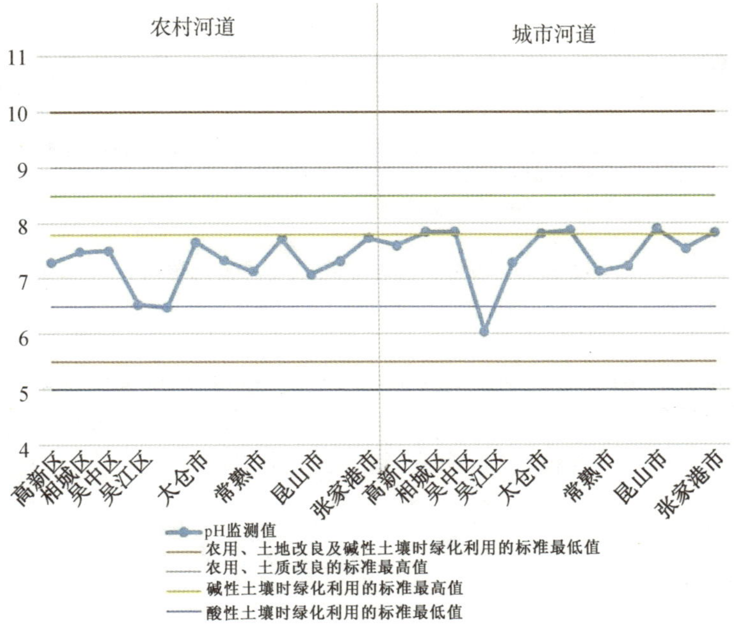

图 5.15 pH 监测值与标准对比情况

(2) 铜

铜检测结果如图 5.16 所示。对比发现农村河道中常熟市北塘河铜的监测值略超过 A 级农用、酸性土壤绿化和土质改良利用的标准值,该河道淤泥不建议用于 A 级农用、酸性土壤绿化和土质改良的资源化利用途径,可用于其他资源化利用的途径。

城市河道中常熟市护城河及琴川河铜的监测值略超过 A 级农用、酸性土壤绿化和土质改良利用的标准值,建议此河道清淤淤泥先进行固化或钝化稳定化处理,再进行资源化利用,或者也可考虑用于其他资源化利用的途径。

铜的其他各点位的监测值与各标准对比后发现无超标现象,所有监测值均低于标准值,符合相关资源化利用的要求。

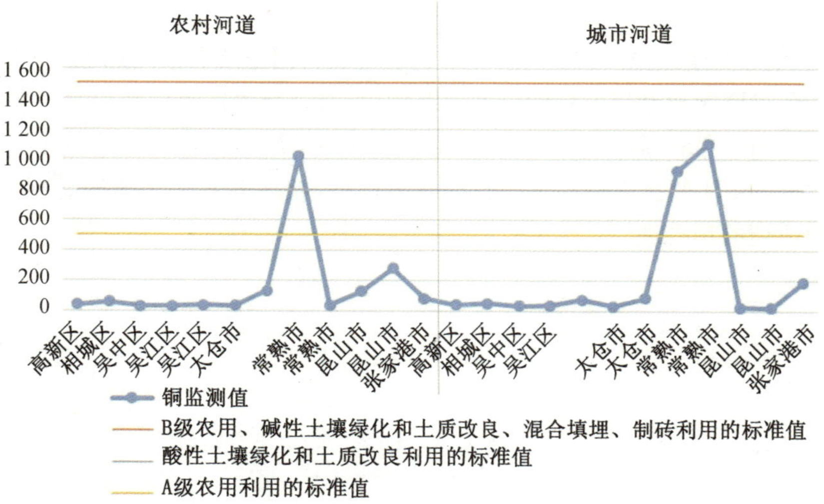

图 5.16　铜监测值(mg/kg)与标准对比情况

(3) 锌

锌检测结果如图 5.17 所示。对比后发现农村河道和城市河道各点位锌的监测值均满足各标准的要求,且各点位的监测结果稳定在 269 mg/kg 以下,锌的所有监测值远低于标准值,符合相关资源化利用的要求。

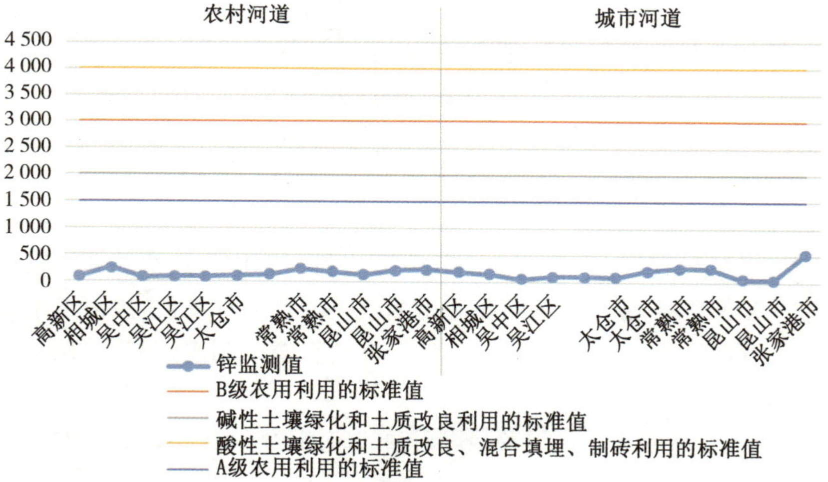

图 5.17　锌监测值(mg/kg)与标准对比情况

(4) 铅

铅检测结果如图 5.18 所示。对比后发现农村河道和城市河道各点位铅的监测值均满足各标准的要求,且各点位的监测结果稳定在 261 mg/kg 以下,铅的所有监测值均低于标准值，符合相关资源化利用的要求。

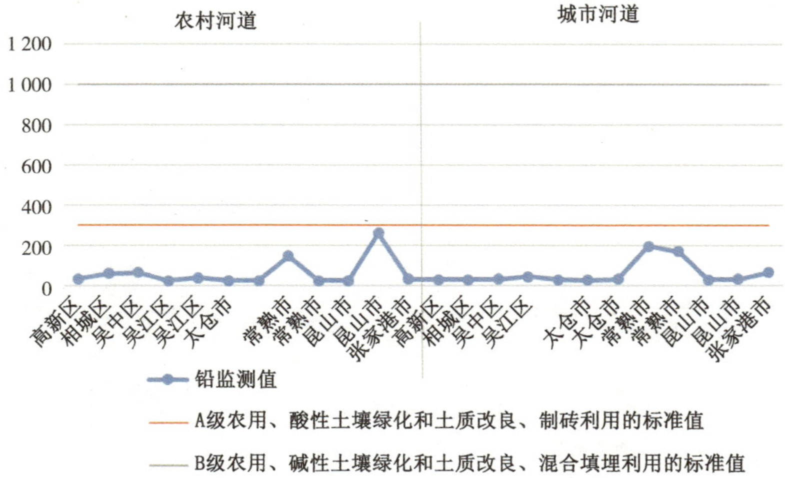

图 5.18　铅监测值(mg/kg)与标准对比情况

(5) 镉

镉检测结果如图 5.19 所示。对比后发现农村河道和城市河道各点位镉的监测值均满足各标准的要求，且各点位的监测结果稳定在 1 mg/kg 以下，镉的所有监测值远低于标准值，符合相关资源化利用的要求。

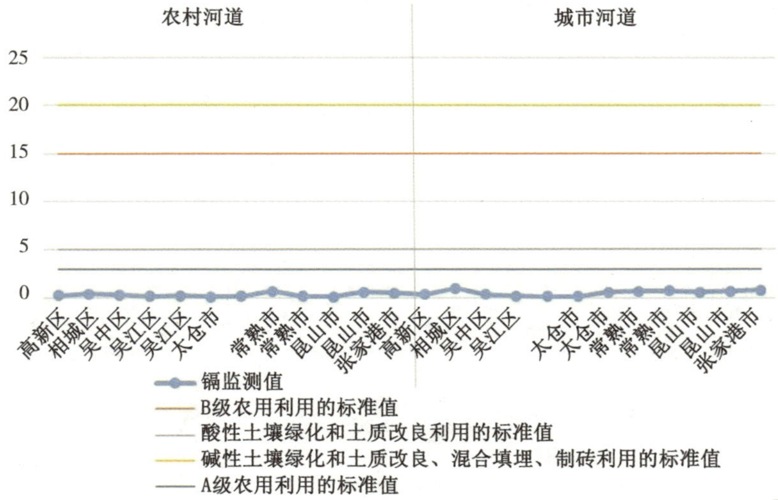

图 5.19　镉监测值(mg/kg)与标准对比情况

(6) 镍

镍检测结果如图 5.20 所示。对比后发现农村河道和城市河道各点位镍的监测值均满足各标准的要求，且各点位的监测结果稳定在 67.8 mg/kg 以下，镍的所有监测值远低于标准值，符合相关资源化利用的要求。

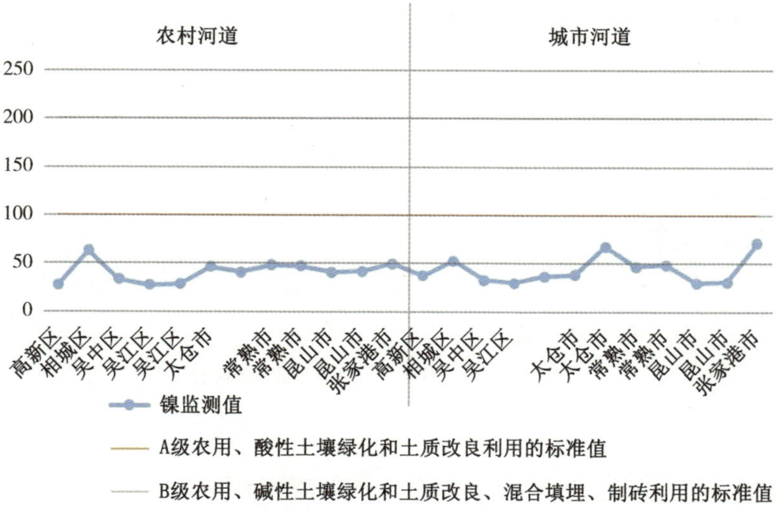

图 5.20　镍监测值(mg/kg)与标准对比情况

(7) 总铬

总铬检测结果如图 5.21 所示。对比后发现农村河道和城市河道各点位总铬的监测值均满足各标准的要求，且各点位的监测结果稳定在 121 mg/kg 以下，总铬的所有监测值远低于标准值，符合相关资源化利用的要求。

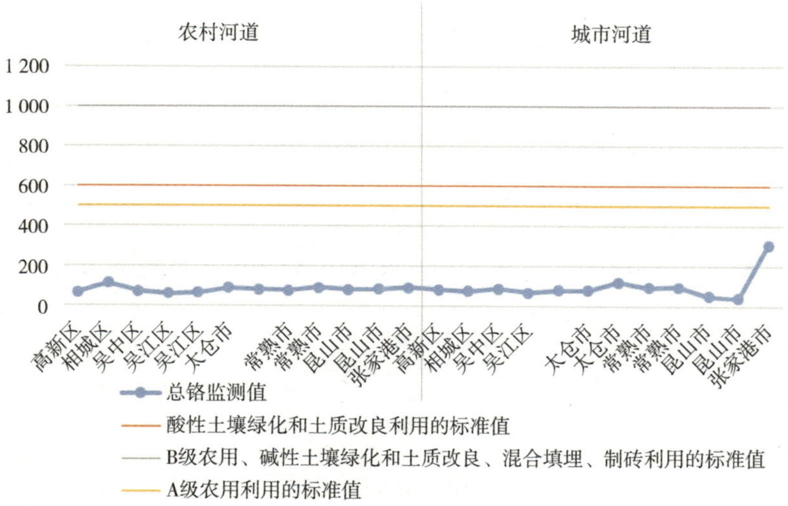

图 5.21　总铬监测值(mg/kg)与标准对比情况

（8）砷

砷检测结果如图 5.22 所示。对比后发现农村河道和城市河道各点位砷的监测值均满足各标准的要求，且各点位的监测结果稳定在 7.49 mg/kg 以下，砷的所有监测值远低于标准值，符合相关资源化利用的要求。

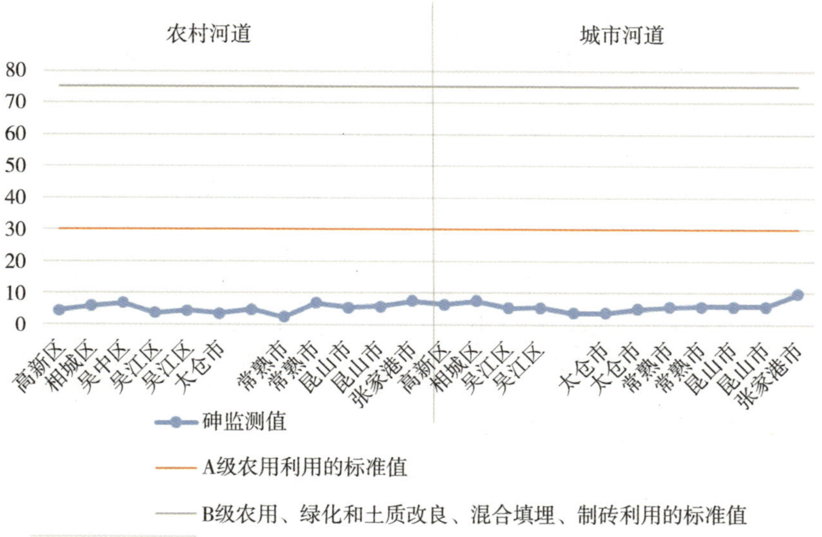

图 5.22　砷监测值(mg/kg)与标准对比情况

5.3.2.3　矿物类指标的监测结果及分析

淤泥用于烧结砖资源化利用时，对化学组成、粒度与级配、塑性指数、有机质含量等指标有一定要求，通过对苏州市河道淤泥矿物质监测结果分析，可明确苏州市河道淤泥制砖资源化利用的可行性。

（1）化学组成

采用 X 射线衍射仪（XRD）分析淤泥样品的矿物成分，监测淤泥的 XRD 图谱详见图 5.23。由图可知，监测淤泥含有的主要矿物相为石英、云母、长石、高岭石、碳酸岩等。采用 X 射线荧光谱分析法（XRF）分析脱水淤泥样品的化学组分，用以判断淤泥的化学组成[SiO_2，Al_2O_3，Fe_2O_3 以及 $CaO<10\%$，$MgO<3\%$，酸酐（SO_3）]是否满足烧结砖配比的需要。根据样品的 XRF 监测结果（表 5.1），淤泥中 SiO_2、Al_2O_3、Fe_2O_3、CaO、MgO 和 SO_3 的含量范围分别为 50.68%～60.74%、11.47%～12.59%、2.58%～3.06%、2.11%～3.64%、1.61%～1.88%和 0.1%～1.48%，平均值分别为 56.22%、11.89%、2.84%、2.75%、1.68%和 0.7%。

表 5.1　XRF 数据结果　　单位:%

样品	SiO_2	Al_2O_3	Fe_2O_3	CaO	MgO	SO_3
S1	58.47	11.47	2.58	2.43	1.61	0.32
S2	60.74	11.41	2.73	2.11	1.61	0.1
S3	50.68	12.09	2.98	3.64	1.62	1.48
S4	54.97	12.59	3.06	2.82	1.88	0.9
平均值	56.22	11.89	2.84	2.75	1.68	0.7

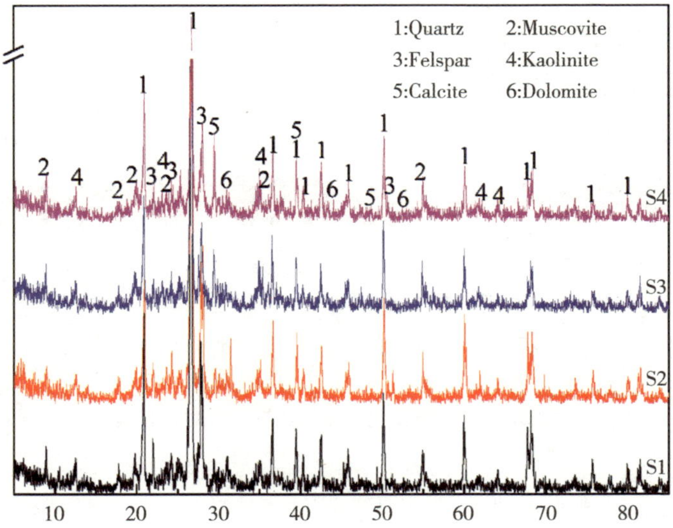

图 5.23　部分淤泥监测点位 XRD 图谱

由于原材料的各化学成分在烧结过程中的不同影响,化学成分若满足要求则可以直接配制,不满足则视需要加入调整组分。根据监测样品的矿物成分均值,所监测淤泥用于烧结砖是具有一定可行性的,但部分样品若直接用于烧结砖会存在制品耐候性劣化和体积稳定性有隐患等问题,需加入一定的配料进行调节。原材料化学组成在烧结过程中的影响见表 5.2。

表 5.2　原材料化学组成在烧结过程中的影响

成分	含量(%)	危害性
SiO_2	55～70	>70%,成型困难,烧制过程中体积微膨胀;<55%,制品耐候性劣化
Al_2O_3	10～25	<10%,制品强度降低;>25%,烧成温度增加,能耗制品颜色变淡
Fe_2O_3	3～10	>10%,制品耐火度劣化,颜色更红
CaO	<10	>10%,不利于烧成,可能发生爆裂

续表

成分	含量(%)	危害性
MgO	<3	>3%,耐候性劣化及影响美观
SO_3	<1	>1%,体积稳定性隐患

(2) 粒度与级配

采用激光粒度颗分仪对样品粒度与级配进行监测分析,根据监测结果(表5.3),监测淤泥的Dv(10)(μm)粒径范围为2.96～4.26,平均值为3.35,Dv(50)(μm)粒径范围为15.1～35.5,平均值为23.1,Dv(90)(μm)粒径范围为52.1～155,平均值为94.3。

表5.3 样品粒径分布监测结果 单位:μm

粒度分布	Dv(10)	Dv(50)	Dv(90)
S1	3.06	22.4	96.4
S2	2.96	35.5	155
S3	4.26	19.4	73.7
S4	3.13	15.1	52.1

通过对比烧结砖原材料颗粒级配(表5.4)可知,所测样品若用于烧结砖等资源化利用,其粒径较小,颗粒较细,在烧结过程中可能存在制坯过程的耐候性劣化问题,可通过添加粒径较大的炉渣、粉煤灰及工业废渣等进行配比调节,满足烧结的要求。

表5.4 烧结砖原材料颗粒级配及其作用

粒径(mm)	作用	比例(%)
0～0.05	塑性颗粒	35～55
0.05～1.2	填充颗粒(收缩值、强度)	20～65
1.2～2	骨架,干燥、排水	<30

(3) 塑性指数

烧结砖所用原材料的塑性指数测定值需介于7～15之间。样品监测结果见表5.5。监测样品的淤泥塑性指数介于7～34之间,各样品之间数值差别很大,仅有一个样品的塑性指数满足淤泥作为烧结砖原材料的塑性指数要求,其余样品塑性指数偏大,表明此类淤泥的颗粒粒径较细,比表面积较大,淤泥的黏粒或亲水矿物含量较高,淤泥处在可塑状态,含水量变化范围较大,当该淤泥作为原材料制备烧结砖时,应提前降低其含水率,或加入适量建筑垃圾、废砂、石屑等废弃物，用以降低淤泥的塑性指数。

表 5.5　样品塑性指数监测结果

样品名称	液限 W_L（%）	塑限 W_p	塑性指数 I_p（%）	分类
S1	42.70	23.84	18.86	CL
S2	28.35	21.36	6.99	ML
S3	70.11	36.11	34	MH
S4	53.41	28.26	25.15	MH

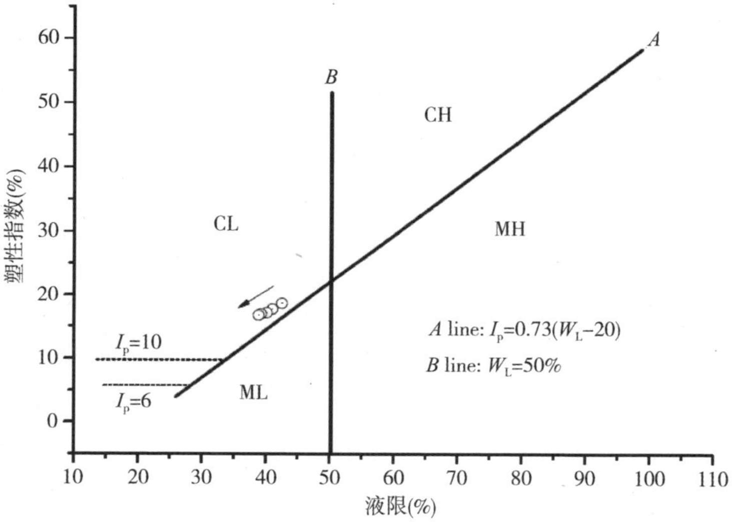

图 5.24　样品塑性指数分析

（4）烧失量

烧失量的具体监测结果如表 5.6 所示。样品的烧失量范围为 17.59%～23.49%，平均值为 20.27%，满足淤泥制砖时对烧失量≤50%的要求。

表 5.6　样品烧失量监测结果

样品名称	LOI(%)
S1	19.71
S2	17.59
S3	23.49
S4	20.27

5.3.2.4 营养类指标的监测结果及分析

淤泥作为农用、绿化和土地改良用泥等进行资源化利用时，对淤泥中营养成分氮、磷、钾及有机质有一定要求，通过对苏州市河道淤泥营养物质监测结果分析，可明确苏州市河道淤泥作为农用、绿化和土地改良用泥进行资源化利用的可行性。

苏州市河道淤泥氮、磷、钾及有机质的监测值分别见图 5.25、图 5.26。由图可知，淤泥中氮监测值范围为 221～5 950 mg/kg，平均值为 2 361 mg/kg，磷监测值范围为 172～892 mg/kg，平均值为 419 mg/kg，钾监测值范围为 38.2～68.4

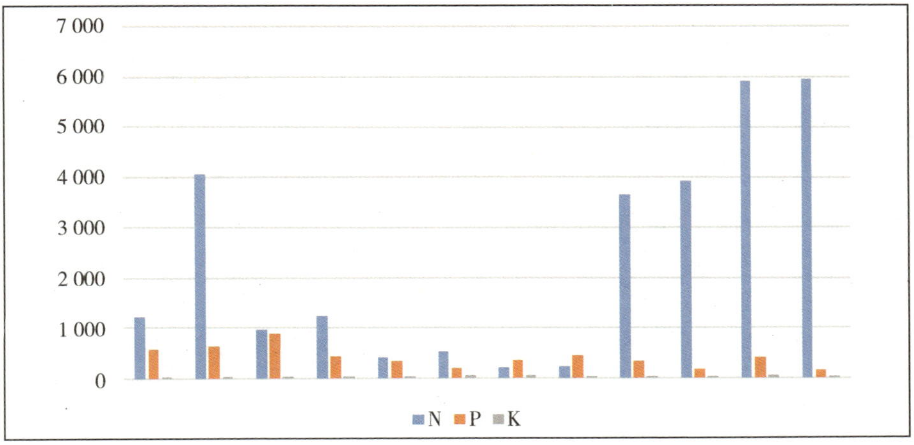

图 5.25　营养物质指标监测值(mg/kg)

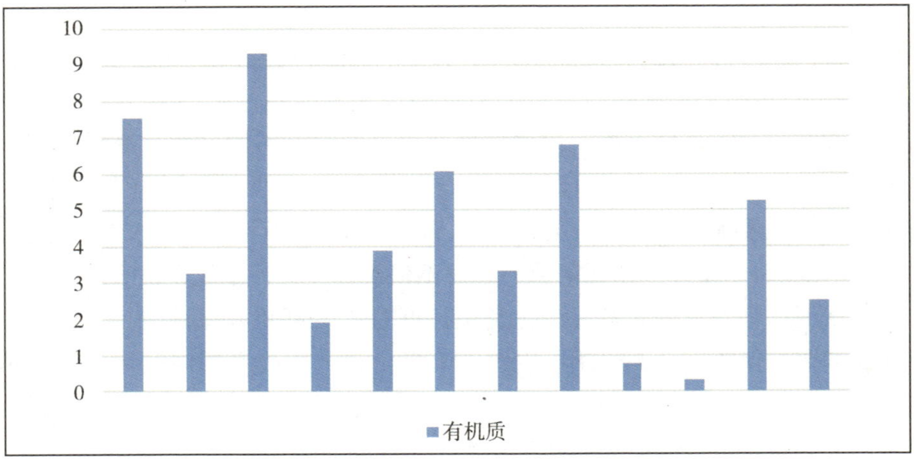

图 5.26　有机质指标监测值(%)

mg/kg，平均值为 53 mg/kg，有机质监测值范围为 0.32%～9.33%，平均值为 4.25%，因此苏州市河道淤泥中含有一定的营养成分，具备作为农用、绿化和土地改良用泥资源化利用的可行性。

5.4 苏州市淤泥处置方案

5.4.1 处置规模

考虑到清淤规模的不确定性以及淤泥处置的滞后性等因素，淤泥综合处置规模按照苏州市各地区“十三五”期间清淤规划的平均值进行估算，为淤泥长期综合处置提供参考。根据各地区“十三五”期间清淤规划，苏州市平均每年实施河道清淤量共计 1 838.5 万 m^3，其中城市河道平均每年清淤 528.3 万 m^3；农村河道平均每年清淤1 310.2 万 m^3。

淤泥综合处置亦可协调处置部分建筑泥浆，考虑到建筑泥浆产生的范围较广，且产生的区域具有不确定性，因此，苏州市“十三五”期间建筑泥浆处置根据淤泥干化处置场的服务半径等按年产量的 20%进行估算，考虑每年可协调处置建筑泥浆的规模约 140 万 m^3，所需的处置费用按照“谁产生、谁付费”的原则分摊。协同处置淤泥和建筑泥浆，因此处置规模为两者的加和，即平均每年 1 978.5 万 m^3。

5.4.2 总体处置方案

根据前文淤泥污染物成分与各资源化利用标准对比结果可知，姑苏区 2018 年实施清淤的河道中齐门路河、中市河、学士河北段及三星河 4 条河道的 pH 监测值超过淤泥园林绿化利用的标准；阊门内城河铜和砷监测值超过 A 级农用利用的标准值；平门小河和阊门内城河河道铅的监测值超过了 A 级农用、酸性土壤淤泥园林绿化和酸性土壤土质改良用泥以及淤泥制砖的利用标准情况，除此之外，其他河道的相关监测指标均满足农用、绿化、土质改良、混合填埋和淤泥制砖利用的标准要求。由于部分河道的铜、砷或铅的指标存在超过 A 级农用利用标准值情况，因此姑苏区超标河道的淤泥不建议直接进行淤泥还田农用。

将淤泥污染物成分同各资源化利用标准对比后可知，农村河道中常熟市北塘河铜的监测值略超 A 级农用、酸性土壤绿化和土质改良用泥利用的标准值，除此之外，其他河道的监测指标均满足农用、绿化、土质改良、混合填埋和淤泥制砖利用的标准要求；城市河道中的相城区西塘河、吴中区板桥内河、太仓市塘泾河和吴塘、昆山市里黄河、吴江区红溪河的 pH 监测值略超过绿化利用标准；常熟市护城河及琴川河铜的监测值略超过 A 级农用利用标准值，除此之外，其他河道的监测指标均满足农用、绿化、土质改良、混合填埋和淤泥制砖利用的标准要求。

根据淤泥矿物监测的结果可知，苏州河道淤泥制备烧结砖具有一定的可行性，其化学成分中 SiO_2、Al_2O_3、Fe_2O_3和 CaO 满足烧结过程对原材料化学组成的要求，MgO 和 SO_3的含量较低，可能会造成制品耐候性劣化和体积较不稳定的问题；此外，苏州河道淤泥的粒径较细、塑性指数偏大，有机质含量较高，淤泥在制建材等资源化利用时需通过添加炉渣、粉煤灰及工业废渣等，调节合理的配比组合，协同烧结处理，确保达到相关产品的质量要求。

根据淤泥的综合处置原则，以淤泥中污染物监测数据为基础，根据苏州市各地区淤泥的处置条件（农田、林地、园林绿化、洼地等）以及现有的淤泥处置方式等，参考成本费用分析，在符合相关标准规范的基础上，建议优先考虑还田、还林农用（淤泥农用时优先考虑农村河道的淤泥）；剩余的淤泥进行脱水干化，干化后的淤泥根据各地区的条件，考虑园林绿化、回用至防洪堤岸护坡、制建材、回填至洼地等消纳方式。苏州市清淤淤泥总体的处置方案如下。

（1）姑苏区

根据姑苏区的清淤计划，姑苏区每年有 30 万～50 万 m^3 的清淤淤泥产生；姑苏区清淤河道均为城市河道，监测结果显示，约有 27%左右的河道淤泥中污染物浓度超出了土壤环境质量二级标准；考虑到姑苏区场地条件极为紧张，几乎没有接纳能力，因此在考虑区域调配的基础上，进行机械脱水干化处理，干化后的淤泥考虑用于园林绿化、河道堤岸和护坡建设、制建材等资源化利用。

（2）工业园区

根据工业园区的清淤计划，工业园区每年有 8 万～17 万 m^3 清淤淤泥产生，且以城市河道淤泥为主；考虑到工业园区的场地条件极为紧张，基本不能接纳本地区产生的淤泥，因此建议工业园区的淤泥在考虑区域调配的基础上，进行机械脱水干化处理，干化后的淤泥考虑用于园林绿化、河道堤岸和护坡建设、制建材等资源化利用。

（3）高新区

根据高新区的清淤计划，高新区每年约有 43 万 m^3 的清淤淤泥产生，其中城市河道淤泥 7 万 m^3，农村河道淤泥 36 万 m^3。根据处置能力分析，高新区尚有一定的场地条件等，但不足以接纳本地区产生的全部淤泥。因此，建议高新区的淤泥在符合相关标准的前提下，优先考虑还田及还林，剩余的淤泥进行机械脱水干化处理后，用于园林绿化、河道堤岸和护坡建设、制建材等资源化利用。

（4）相城区

根据相城区的清淤计划，相城区每年约有 219.4 万 m^3 的清淤淤泥产生，其中城市河道淤泥 132.5 万 m^3，农村河道淤泥 86.9 万 m^3。根据处置能力分析，相城区尚有一定的农田条件等，但不足以接纳本地区全部农村河道的清淤淤泥。因此，建议相城区农村河道的淤泥在符合相关标准的前提下，优先考虑还田及还林，剩余的淤泥采用自然和机械脱水干化处理后，用于园林绿化、河道堤岸和护坡建设、制建材等资源化利用。

(5) 吴中区

根据吴中区的清淤计划，吴中区每年约有136.2万m^3的清淤淤泥产生，其中城市河道淤泥54.8万m^3，农村河道淤泥81.4万m^3。根据处置能力分析，吴中区尚有一定的场地条件，基本可暂时满足本地区的淤泥处置需要。因此，建议吴中区清淤淤泥在符合相关标准的前提下，优先考虑还田及还林，剩余的淤泥干化后尽可能地用于园林绿化、生态护坡建设以及制建材等资源化利用。

(6) 吴江区

根据吴江区的清淤计划，吴江区每年约有235.4万m^3的清淤淤泥产生，且以农村河道为主。根据处置能力分析，吴江区目前尚有一定的耕地、林地和堆场等处置条件，基本可满足本地区的淤泥处置需要。因此，建议吴江区清淤淤泥在符合相关标准的前提下，优先考虑还田及还林，剩余的淤泥干化后尽可能地用于园林绿化、生态护坡建设以及制建材等资源化利用。

(7) 张家港市

根据张家港市的清淤计划，张家港市每年约有320万m^3的清淤淤泥产生，其中城区河道淤泥25.5万m^3，农村河道淤泥294.5万m^3。根据处置能力分析，张家港市尚有一定的农田、堆场等处置条件，但不足以接纳本地区产生的全部淤泥，因此，建议张家港市农村河道的淤泥在符合相关标准的前提下，优先考虑还田及还林，剩余的淤泥考虑采用堆场自然干化和机械脱水干化，干化后的淤泥尽可能地用于园林绿化、生态护坡建设、制建材等资源化利用。

(8) 太仓市

根据太仓市的清淤计划，太仓市每年约有230.3万m^3的清淤淤泥产生，其中城市河道淤泥145.4万m^3，农村河道淤泥85.5万m^3。根据处置能力分析，太仓市尚有一定的农田和堆场等处置条件，基本可暂时满足本地区的淤泥处置需要。因此，建议太仓市的清淤淤泥在符合相关标准的前提下，优先考虑还田及还林，剩余的淤泥干化后尽可能地用于园林绿化、生态护坡建设、制建材等资源化利用。

(9) 昆山市

根据昆山市的清淤计划，昆山市每年约有306.4万m^3的清淤淤泥产生，其中城市河道淤泥78.9万m^3，农村河道淤泥227.5万m^3。根据处置能力分析，昆山市尚有一定的农田和堆场等处置条件，基本可暂时满足本地区的淤泥处置需要。因此，建议昆山市的清淤淤泥在符合相关标准的前提下，优先考虑还田及还林，剩余的淤泥干化后尽可能地用于园林绿化、生态护坡建设、制建材等资源化利用。

（10）常熟市

根据常熟市的清淤计划，常熟市每年约有 293.3 万 m^3 的清淤淤泥产生，其中城市河道淤泥 28.6 万 m^3，农村河道淤泥 264.7 万 m^3。根据监测结果，常熟市部分河道淤泥的铜存在超过农用标准的情况，约占总清淤量的 10%，超标的淤泥可考虑回填至洼地、鱼塘或用于园林绿化等；根据处置能力分析，常熟市尚有一定的农田和堆场等处置条件，基本可暂时满足本地区的淤泥处置需要。因此，建议常熟市的清淤淤泥在符合相关标准的前提下，优先考虑还田及还林，剩余的淤泥干化后尽可能地用于园林绿化、生态护坡建设、制建材等资源化利用。

（11）苏州市淤泥综合处置情况

根据各个区的淤泥产生情况、处置能力、符合相关标准的淤泥量等，初步估算苏州市平均每年淤泥农用的量约为 859 万 m^3；其他淤泥均进行脱水干化处理，其中约 420 万 m^3（含建筑泥浆）采用机械脱水干化方式，剩余的淤泥采用回填至洼地、堆场等自然脱水干化的方式；脱水干化后的淤泥约 98 万 m^3 可作为园林绿化用泥使用，约 435 万 m^3 淤泥考虑作为河道堤岸、护坡的建设用泥，约 185 万 m^3 淤泥考虑用于制建材等综合利用。

第6章 结论与展望

6.1 结论

苏州市河湖资源丰富，是一座因水而美的江南水乡，但由于雨水冲刷、水土流失、污染物流入、泥浆倾倒等原因，苏州市河湖淤积情况日趋严重，威胁着苏州市水资源供给、水安全保障和水环境质量。为此，苏州市委市政府高度重视水环境的保护和改善，在“十三五”期间开展了中心城区清淤贯通工程，并对清理的淤泥进行综合处置。本书总结了目前常用的城市河道清淤技术、河道淤泥处置与资源化利用技术，并梳理了苏州市“十三五”期间的清淤贯通工程和河道淤泥处置方案，取得的主要结论如下。

(1) 清淤是以改善水质或扩容为目的，采用疏浚方法对水底沉积的泥沙进行清除作业的方式。城市河道清淤工程是一项非常复杂的工程，包括开挖范围及工程量计算，编制淤泥处理处置方案，清淤工艺及设备选型，技术要求及质量标准确定及辅助工程设计等。

(2) 河道清淤施工工艺包括水力冲挖法、绞吸法，抓(挖)斗式、气动式挖掘清淤、清淤机器人等。其中，水力冲挖法具有机具简单、输送方便、施工状况直观、质量易于保证、成本低的优点，但需要排干河道中的流水，成本高，施工工期受限；绞吸式挖泥船具有工程造价低、便于拼装转运的显著特点，能够适应多种工况；气动式清淤过程不扰动底泥，无二次污染，实现真正的河湖生态清淤，具有环保性优异、清淤效果彻底、余水处理量成倍减少、排泥方式多样等优点；在特定工况条件下，例如，河道上空存在众多的低矮管线、桥涵，存在安全隐患的暗涵等，人工方式的清淤受到限制，采用机器人清淤可以有效杜绝安全事故，提高作业效率。

(3) 关于淤泥的输送方式，应用最广泛的方式是管道运输，与其他运输方式相比，管道运输具有运输量大、劳动生产率高、建设周期短、占地少、成本和能耗低等明显优势，对于不适合采用管道输送的工程泥浆，一般多采用专门的槽罐车运输，采用全封闭式运输罐，罐顶设置进浆口，罐底设置排浆口。泥浆脱水处理方式包括板框滤机脱水、带式压滤机脱水、真空排水预压法脱水等，余水处理方法包括吹脱气提法、折点氯化法、化学沉淀法、交换吸附法和生化法等。

(4) 清淤淤泥处理是水利工程建设中亟待解决的问题，淤泥的处理方法受到淤泥本身物理、化学性质的影响，包括淤泥的初始含水率(水与干土质量比)、黏粒含量、有机质含量、黏土矿物种类及污染物类型和污染程度。重金属污染污泥可采用钝化、稳定化的处理方法，就地处理技术和堆场处理技术适用于大规模淤泥的处理，也是目前国内外采用最多的方法，资源化利用技术是未来淤泥处理技术的发展方向，包括淤泥固化、干化、土壤化等。

(5) 苏州市中心城区清淤贯通工程是清水工程整体效果的重要保障，是全面保障和改善河道水环境的重要举措，是改善输水条件、保障输水水质的重要途径。苏州市清水通道清淤包括西塘河、外塘河、外塘河支浜 3 条，主要过水河道和重要河道清淤包括桃坞河、中市河、平门河、山塘河、盘门内城河、硕房庄河等 45 条河道，分别于 2017 年和 2018 年两年实施完成。

(6) 考虑到清淤效果、河道现状和两岸情况，本轮河道清淤采用干河清淤为主，条件不好的采用生态清淤，部分河道采用带水清淤的方式，其中，干河清淤的河道采用分段修筑围堰干河泥浆泵水力冲淤，生态清淤采用小型环保生态清淤船带水施工，带水清淤采用平齿抓斗式挖泥船带水施工。河道清淤工程完成后，改善了苏州市城市中心区河网水质，恢复江南水乡的原貌，促进当地旅游业发展，同时，有效沟通了河道河网，减少了因洪涝灾害造成的经济损失。

(7) 实施河道淤泥综合处置及资源化利用，是解决苏州市河道淤泥最终消纳短板问题，落实中央环保督查"回头看"整改工作，促进循环经济发展，消除环境风险的有力举措。在清淤淤泥监测分析满足土壤及污泥综合利用等相关标准规范的基础上，苏州市河道淤泥处置优先考虑还田、还林等农用处置方式，剩余的淤泥进行脱水干化，干化后的淤泥根据各地区的条件，采用用于园林绿化、回用至防洪堤岸护坡、制建材、回填至洼地等方式进行消纳，避免了大量土地资源占用，防止周边环境污染，有效缓解了堆场紧张等问题，为其他城市淤泥综合处置提供了借鉴。

6.2 展望

我国水环境治理科学化、标准化、精细化探索，进一步加快了我国水利清淤行业的发展，对水利清淤的技术、装备也提出了更高的要求。对于水环境治理中以清除污染底泥为目的的生态清淤技术而言，未来的发展主要体现在以下几个方面。

(1) 数字化清淤技术。主要发展精准(薄层)清淤的数字化清淤技术，充分利用基于 5G 物联网的清淤实时监测系统，将水位通报、非通视精确定位、排泥浓度监测、扩散距离监测、多功能视频监控、数据压缩等技术进行整合，实现清淤技术的智能化和施工管理的精细化。

(2) 高浓度绞吸技术。在国内水利清淤行业中，对清淤方式的选择，在很大程度上受造价的影响，输出高浓度泥浆，减少储泥池容积和尾水的数量，是清淤设计的目标之一。气动式挖泥船在河湖精准清淤中有比较大的技术优势，但清淤价格较高，所以工程上应用较少，而绞吸式挖泥船虽然受到土质、工况、排距、排高、操作经验的影响，泥浆浓度偏低，但是由于对土体、工况的适应性广，清淤效率高、成本低，仍然是目前应用最广泛的清淤船型。因此，高浓度绞吸技术作为未来生态清淤的发展方向，需要在优化绞吸头切土形式、提高泥浆输送能力、规范操作流程等方面，进行系统研发与设计，采用综合技术手段提高绞吸泥浆的浓度。

(3) 规模化余水净化技术。清淤余水的净化处理目前还没有得到重视，大部分工程项目也没有做到按规范要求排放，在“断面考核”和“节水优先”的压力下，清淤余水排放的要求必将越发严格。对于规模化低污染浓度的清淤余水净化处理，需要综合考量项目地点、附近可用地域、断面考核标准、来水量、处理费用等多项因素，根据设计净化目标，因地制宜地选择净化技术。

河道淤泥的处置无论采用堆场处理技术，还是就地处理技术，最终还是需要解决淤泥的最终归宿问题。目前，河湖淤泥处置主要以填埋方式为主，随着城市规模的扩大、环境保护要求的提高，以及严格保护耕地政策的执行，河湖淤泥填埋处置的运输距离越来越远，仅从运费的角度上考虑就已经不能支持填埋处置方式，河湖淤泥的资源化利用技术目前已日趋成熟，比如土地利用、制作填筑材料、制砖、制陶粒、制作墙体材料等，只是还没有能够广泛应用。河湖淤泥是一种很有价值的潜在资源，使其变废为宝、进行资源化利用是必然趋势，未来河湖淤泥的资源化利用方式就是要用好“看不见的手”和“看得见的手”，努力形成市场作用和政府作用有机统一、相互补充、相互协调、相互促进的格局，推动经济社会持续健康发展。

(1) 大型工程定向处置。对于大型水利清淤工程，由于短期内淤泥产生量大，只能根据地方地理条件和其他工程需求，采取定向处置的方式进行消纳，如造岛、造地、专项土地复垦等。

(2) 政府培育扶持淤泥资源化利用企业。政府着力从部门协作、机制创新、政策引导和市场化运作等方面先行先试，探索实践，摸索经验，走出一条可复制、可推广、可持续的资源化利用模式，形成以企业主体、政策引导，市场化运作和部门联动的协同处置方式。如对于制砖、墙体材料、水泥等烧结类建材企业，要求掺用淤泥不得低于一定的比例，从而推动建材行业循环发展、绿色发展和可持续发展。

(3) 企业自主进行淤泥资源化市场应用。根据政府政策指引，企业根据市场需求，自主进行淤泥资源化利用，市场化运作土地资源，建立土地银行，联合科研院校，产学研用，开发适销对路的淤泥制品，如将河湖淤泥制作绿化种植土壤、分离取砂、制作填筑土、复垦土壤等。该模式地域性强，市场主导，运作灵活，规模可大可小，可复制推广，具有相当的社会效益、环境效益和经济效益。